知识前沿文库

本书的出版得到了
国家自然科学基金青年科学基金项目(61902141)
国家自然科学基金面上项目(编号:41471425)
教育部人文社会科学研究青年基金项目(编号:19YJCZH095)
江苏高校"青蓝工程"优秀青年骨干教师人才项目
联合资助

基于MDA的形式化模型转换技术

Formal Model Transformation Technology Based on MDA

李宗花 著

U0162743

南京大学出版社

内容提要

随着分布式技术和构件技术的快速发展,软件系统的业务需求和使用环境不断的发生变化,使得业务系统变得越来越复杂。对于复杂业务系统来说,厘清业务需求,建立符合业务用户要求的、正确完整的需求和设计模型对软件开发的成功与否有着重要的影响。

本书聚焦于模型驱动框架中的 CIM 抽象层次和 PIM 抽象层次,展开形式化模型自动转换的研究。融合需求分析方法和业务建模方法,采用逐步细化和求精的方式研究基于 CIM 的多层次建模方法,并利用范畴论和 Petri 网对多层次建模方法进行形式化,以形式化模型为基础,分析 CIM 模式至 PIM 模式的转换方法及基于语义的模型一致性验证方案。本书中的建模方法和模型转换均用实例进行演示,其元模型构建、模型形式化和模型转换技术均在 Eclipse 建模平台完成。

本书可供业务流程管理、软件需求分析、软件设计、软件开发等相关领域的科学研究人员、工程技术人员、软件项目管理人员及大专院校、科研院所师生应用和参考。

图书在版编目(CIP)数据

基于 MDA 的形式化模型转换技术/李宗花著. —南京:南京大学出版社,2022.2
(知识前沿文库)
ISBN 978-7-305-24771-2

Ⅰ.①基…　Ⅱ.①李…　Ⅲ.①软件开发　Ⅳ.①TP311.52

中国版本图书馆 CIP 数据核字(2021)第 146408 号

出版发行　南京大学出版社
社　　址　南京市汉口路 22 号　　　　邮编　210093
出 版 人　金鑫荣

丛 书 名　知识前沿文库
书　　名　**基于 MDA 的形式化模型转换技术**
著　　者　李宗花
责任编辑　苗庆松

照　　排　南京开卷文化传媒有限公司
印　　刷　苏州市古得堡数码印刷有限公司
开　　本　718×1000　1/16　印张 12　字数 200 千
版　　次　2022 年 2 月第 1 版　2022 年 2 月第 1 次印刷
ISBN 978-7-305-24771-2
定　　价　49.80 元

网　　址:http://www.njupco.com
官方微博:http://weibo.com/njupco
微信服务号:njuyuexue
销售咨询热线:(025)83594756

前　言

随着分布式技术及网络技术的发展,软件开发所面临的挑战主要来自业务系统自身需求的变化和新需求的融入增长。这种需求的变化使得业务系统与不同环境下的应用基础结构相互交织,这就要求业务系统更加灵活且可调整,以满足不同技术平台的要求。模型驱动开发(MDD)以模型作为主要工件,通过模型转换来实现不同抽象层次模型的自动生成,这种模型自动生成技术进一步降低了软件分析与软件设计之间的耦合,使得应用系统与具体的实现技术平台相分离。因此,MDD成为当前软件工程领域的一个研究热点。

软件系统的动态变化性和复杂性决定了业务建模的层次性和重要性,因而业务模型的正确与否直接影响着软件开发的质量。计算无关模型(CIM)作为MDA三个抽象层次中的最高抽象层次模型,描述系统的环境和需求,能够帮助用户提出被期望的系统。因此,CIM模型不仅能够帮助理解问题,而且也是其他抽象层次模型的来源。所以对CIM抽象层次模型的研究具有重要的意义。

由于目前CIM抽象层次建模缺乏统一的标准,使得当前针对CIM建模大多从系统分析员和软件开发人员的角度出发,且主要基于业务需求详细、稳定的前提进行复杂业务建模。但是,这种方法难以为业务需求不清晰或不完整的业务系统建立正确的业务模型,其建立的模型也往往不被业务系统的普通用户所理解和掌握。同时,由于CIM抽象层次模型的主观性,使得当前CIM模型至PIM模型的映射大多采用半自动化方式,这种半自动化方式的映射一旦脱离形式化模型验证,将导致业务视图模型与信息视图模型之间产生二义性问题。因此,CIM抽象层次的模型与模型转换是影响利用模型驱动开发技术开发软件系统的关键。

本书在上述应用背景和研究背景的基础上,针对现有CIM建模方法和模型转换技术的不足,对CIM建模方法、形式化模型转换技术和模型一致性验

证方案展开研究,其研究的意义有:

(1) 提出的目标、场景和过程模型(GSP)多层次 CIM 建模方法结合需求分析方法和业务建模方法弥补了当前 CIM 模型难以理解、不易扩展等局限性。应用 GSP 建模方法建立的多层次业务模型,一方面使得业务系统的利益相关者如企业用户、业务分析员、软件开发员等都能理解和掌握业务系统的需求,使得最终的软件系统更加满足企业用户的需求。另一方面由于 GSP 建模方法结合软件需求分析方法和业务过程建模方法,采用逐步求精和逐步细化的方式建立多层次模型,在业务细化过程中会进一步识别未知的业务需求,其逐步细化和迭代的建模过程使得最终的 CIM 模型描述业务需求更加完整、清晰。因此,GSP 多层次建模方法能够为业务系统建立正确的、一致性的 CIM 模型,对复杂业务系统的 CIM 建模研究有一定的指导意义。

(2) 从语法、语义上对 Petri 网模型进行扩展不但可以完整地形式化业务场景模型和业务过程模型中的动态行为,而且也可以形式化这两种模型中的静态组织结构。这一扩展 Petri 网模型的设计一方面丰富了模型形式化方法的研究,为模型的正确性和一致性验证提供基础支撑。另一方面为 CIM 模型形式化的研究和实践提供了帮助,从而推动 Petri 网在计算机科学中的发展与应用。

(3) 提出了在工作流视图下,利用扩展的 Petri 网模型作为中间模型的自动转换方法。这一自动转换技术可为当前 CIM 模型至 PIM 模型半自动转换向自动转换的研究提供借鉴参考,推动 CIM 模型至 PIM 模型的自动转换技术研究的发展。

(4) 提出的语义一致性验证方案丰富了模型语义一致性验证研究。本书利用范畴论的映射关系和扩展 Petri 网模型中的状态变迁,从语义上分别定义紧邻序列和执行顺序序列,设计各模型之间的语义一致性验证策略,以解决 CIM 抽象层次模型中的各模型之间和工作流视图下 CIM 模型与 PIM 模型之间的语义一致性问题,可为其他模型的语义一致性研究提供借鉴。

本书的研究工作得到国家自然科学基金项目"基于知识图谱的业务流程模型多层次实体匹配研究(61902141)"和"南北气候分界线变动视角的淮河流域旱涝格局演变及机制(41471425)",以及教育部人文社会科学研究青年基金项目"基于知识图谱的业务流程模型组合实体匹配研究(19YJCZH095)"的资助。

作 者

2021 年 10 月

目 录

第 1 章

绪 论

模型驱动开发方法是以模型为核心的软件开发方法,旨在以模型转换的方式实现不同抽象层次的建模,提高软件开发的效率和可复用性。该软件开发方法与面向服务开发、软件构件开发相结合,能够有效地解决复杂软件在异构平台中的业务集成问题,已成为当前软件工程领域的研究热点之一。以模型为中心的软件开发方法更加强调高层次模型的抽象,模型驱动体系结构(model driven architecture,MDA)框架中最高抽象层次模型——计算无关模型(computation independent model,CIM)是构建系统业务的基础模型,是企业用户、系统分析人员、软件开发人员等利益相关者(stakeholders)沟通和交流的桥梁,CIM 模型必须被所有利益相关者理解和掌握。因此,CIM 模型的正确与否影响着平台无关模型(platform independent model,PIM)抽象层次建模和平台相关模型(platform specific model,PSM)抽象层次建模,进而最终影响软件开发的质量。

1.1 研究背景

随着 Internet 技术以及分布式技术的发展,软件开发面临诸多挑战,由于新的业务需求和已有系统业务需求的不断增长,系统也变得越来越复杂,呈现不同类型操作系统、应用软件、系统软件和应用基础结构(application infrastructure,AI)相互交织的现状,使得重新建立一个新的基础环境几乎是不可能的。因此,与传统的软件系统相比,当前软件系统具有复杂性、开放性、动态变化性和多形态性等特点[1-2]。

复杂性指由于业务需求的不断变化,使得现有系统具有的功能与新的业务需求产生矛盾,这就要求业务系统不断调整和升级以适应不断变化的需求[1]。

开放性指大多数系统存在于 Internet 环境,并利用网络实现数据传输、信息处理等功能,要求业务系统在不同平台上运行。同时,由于 Internet 技术的发展,业务系统需求的变化往往不可预知,这要求业务系统的结构设计能适应外部变化的发展,当系统新增功能时,原有的业务系统结构能在不同技术平台上进行完整的迁移[2]。

动态变化性表明由于使用环境和应用场景的改变,业务系统的相应需求也随之发生改变,这要求业务系统的设计和开发必须要满足业务需求的变化。即要求业务子系统能不断地进行升级维护,能适应动态变化性的要求[1]。

多形态性是指业务系统由于环境问题可能运行在不同应用平台上,各子系统采用不同的实现技术,这使得业务系统能够集成基于不同技术平台的子系统,并能使得它们进行有效的交流和沟通[2]。

这些特点的存在表明企业应该能对业务的变化做出快速的反应,利用对现有的应用程序和 AI 的投资来解决新的业务需求。传统的软件开发生命周期包含设计、开发、运行与维护四个阶段,而在当前模型驱动开发技术、构件技术、组件技术、面向服务的架构(service oriented architecture,SOA)技术、软件工厂(software factories,SF)、模型集成计算(model integrated computing,MIC)技术以及敏捷模型驱动开发(agile model driven development,AMDD)技术的影响下,软件系统的软件开发方法和生命周期发生相应的变化。这些软件技术的发展使得业务系统适应快速的业务变化,支持软件复用和跨平台集成,以低成本高效率的方式完成业务系统的构建。

模型驱动开发(model driven development,MDD)强调分析与设计之间的低耦合关系,实现企业及应用系统与具体技术平台分离。MDD 不仅把模型作为概略图或者蓝图,而且模型还作为主要工件通过模型转换来自动生成。根据对象管理组织(object management group,OMG)的定义和描述[3],模型驱动体系结构(MDA)由三个抽象层次组成:计算无关模型(CIM)描述系统被使用的情形,关注系统的环境和需求而不需要了解系统结构的细节;PIM 描述软件体系结构而不需要了解其执行细节;PSM 描述制定业务系统在特定的具体平台上的实现。这三个抽象层次采用模型驱动过程实现 CIM 模型至代码的映射执行。经过模型驱动开发这三个抽象层次后，业务系统的业务分析和技术实现有效的分隔和封装，从而降低了分析与技术实现之间的牵动。

CIM 模型是 MDA 框架中最高抽象层次的模型，Kirikova 等[4]认为该层次的模型应该被称为领域模型、业务模型、业务需求模型等。因此，CIM 模型能够帮助用户提出什么样的系统才是被期望的，不仅帮助理解问题，而且也是其他模型的来源。但在目前，CIM 层次模型缺乏统一的标准，且具有主观性特征，这使得 CIM 抽象层次模型往往是以手动方式或者半自动化方式转换为 PIM 模型[5-9]，这种转换方式可能导致业务视图模型与信息视图模型之间出现偏差，产生二义性问题。因此，CIM 建模方法及其形式化技术是 CIM 至PIM 自动映射的关键因素，影响着软件系统开发的质量。

软件系统的动态变化性和复杂性决定了业务需求分析的层次性和重要性。企业用户对业务模型的理解和掌握，有助于最终开发的软件系统能更好满足企业用户的需求。目前，采用业务流程建模与标注(business process model and notation，BPMN)模型、价值模型、统一建模语言(unified modeling language，UML)活动图模型、本体领域模型等描述 CIM 模型的建模方法往往基于系统的业务需求清楚，业务过程明晰，且参与者明确各自职责的情形，易于业务分析员和领域专家理解。但对于企业的普通用户来说，由于缺乏相关专业知识而不能很好理解和掌握这些业务模型。在业务需求建模初期，业务需求还存在较大的变动性，如果直接进行确定性需求建模就会导致业务模型中出现部分业务需求遗漏或不完整的情况。

CIM 模型作为业务模型、需求模型，其正确性对 PIM 层次模型、PSM 层次模型产生巨大的影响，甚至影响整个软件的开发。众所周知，形式化方法是具有严格语法和语义的，以数学为基础的方法，能有效提高模型的正确性和有效性。形式化技术是验证 CIM 模型正确性的重要手段，同时也是 CIM模型自动映射到 PIM 模型的关键。所以，CIM 模型的形式化方法研究是目前模型驱动开发方法中的一个重要分支。

模型转换作为模型驱动开发中的核心连接 CIM 至 PIM，连接 PIM 至PSM，以及连接 PSM 至代码的过程和步骤[10]。CIM 抽象层次模型作为其他抽象层次模型的源泉，当 CIM 模型确定后，如何将 CIM 模型转换为 PIM 模型是必须考虑的问题。在模型转换技术中，强调目标模型由源模型利用相关工具自动产生，而目前关于模型自动转换的研究主要集中在 PIM 至

PSM[7,10-13]和 PSM 至代码上[14]。

然而在模型驱动开发过程中,由于 CIM 模型和 PIM 模型的作用和范围不一致,导致转换后的 PIM 模型往往需要进一步细化和完善,这种细化和完善通常由人工完成,这必然会出现完善后的 PIM 模型与 CIM 模型不一致的情况。因此,综合软件开发方法面临的问题和模型驱动开发中 CIM 抽象层次研究的重要性和必要性,可以获得以下认识:

(1) 模型驱动开发方法能有效解决不同异构平台的集成问题,可以处理复杂软件系统所面临的开放性、多态性、复杂性和业务易变性的问题,同时使得业务系统具有可维护性、可重用性和一致性的特点。

(2) CIM 模型作为 MDA 框架中的最高抽象层次模型,是构建业务系统的基础模型,是业务系统用户、业务分析员、系统开发人员之间沟通和交流的桥梁,对整个软件开发的成功与否产生重要的影响。

(3) 对模型进行形式化一方面可以保证业务模型的正确性,另一方面也能验证模型转换过程中源模型和目标模型的语义一致性。

(4) 鉴于形式化模型表达模型的无二义性和正确性,基于形式化模型可实现模型的自动转换执行。

因此,本书旨在应用模型驱动开发方法,针对业务系统中不同角色用户,建立所有利益相关者都能理解和掌握、正确和有效的 CIM 模型;并以此模型为基础,实现在工作流视图下 CIM 抽象层次模型至 PIM 抽象层次模型的自动转换;通过制定一致性验证策略保证 CIM 抽象层次模型之间及 CIM 模型与 PIM 模型之间的语义一致性,从而保证业务系统的软件开发质量,以期能为现有的复杂业务系统的设计和开发提供一种高质量、低成本的开发方法和技术支撑。

为此,本书重点论述和解决以下 4 个问题:

(1) 如何建立一个使得业务系统中所有利益相关者都理解和掌握的,并能适应业务需求变化的 CIM 模型。

(2) 如何对 CIM 抽象层次模型进行形式化,以确保 CIM 模型的正确性。

(3) 如何将 CIM 模型自动转换至 PIM 模型而无需人工的干预。

(4) 怎样利用形式化语义去验证 CIM 抽象层次模型与 PIM 抽象层次模型的一致性。

1.2 相关研究工作

1.2.1 CIM 建模方法

CIM 模型能够准确定义系统所期望的功能,作为最顶层的抽象模型,能够帮助分析员和开发者理解问题,因此,CIM 层次的建模方法对业务系统来说是非常重要的。对于一个企业来说,业务系统环境和需求的基本要素必须能够完整描述一个企业的结构和运作过程,所以,企业模型中的人员、组织结构、活动过程、行为、目标、相关数据、业务制约等元素都可以视为企业的基本要素[15]。而 CIM 模型就是运用信息系统的这些基本元素构建系统的业务模型。现有的模型驱动研究中,除了使用单一的如以 BPMN 或 UML 活动图代表业务过程模型、e^3 价值模型和本体模型外,结合多种模型方法的多视图模型和多层次模型逐渐成为 CIM 模型研究的焦点[[15]]。

1. 基本建模方法

从已有的 MDA 研究文献来看,最早的 CIM 层次建模采用面向目标的方法[16-17],而图形化业务建模方法如 BPMN、e^3 价值模型、UML 用例模型和 UML 活动图模型,由于更容易被业务分析员和软件开发工程师理解,成为当前流行的业务建模方法。在这些图形化建模方法中,BPMN 模型作为 OMG 的一个标准,成为 CIM 抽象层次上业务过程建模的主要方法。如 Touzi 等[18]和 Bousetta 等[19]采用 BPMN 描述 CIM 层次模型,用 UML 模型描述 PIM 层次模型,并定义了 CIM 至 PIM 的转换。而 Fabra 等[5]将 CIM 抽象层次的 BPMN 模型映射至 PIM 层次的工作流模型,并支持业务过程模型的自动执行。Rodríguez 等[6]对 BPMN 进行扩展,用于定义业务过程描述的安全需求,其研究安全业务需求规格说明代表 CIM,用例(use-case)代表 PIM,通过设计查询/视图/转换(query/view/transformation,QVT)规则实现 CIM 到 PIM 的转换。除此之外,BPMN 模型还被广泛地应用于服务协作[20]、软件产品线[21]、制造[22]、物流供应链[23]以及生产管理等领域。

价值模型是由荷兰学者 Gordijn 等[24]提出,描述一个业务是由业务参与者协同其他业务参与者实施的一系列价值活动和价值交换的过程。其模拟分析的主要步骤为:识别参与者→明确商业模式中参与者的价值主张→明确参与者涉及的价值活动→明确价值交换的细节→确定商业模式运行的驱动力→构建 e^3 价值(e^3-value)模型→按设定的条件将相关参数输入模型,对商业模式进行估算仿真→调整模型变量,优化商业模式。因此,价值链作为一个商业体系,详细描述企业营运或功能行为的顺序,有助于了解业务系统的环境,被 De Castro 等[25]和 Zdravkovic 等[26]应用于 CIM 层次建模。

而 UML 用例模型和活动图模型在面向对象的开发中,作为主要的需求分析工具被广泛使用。如 Sharma 等[27]用 UseCase 图和活动图描述 CIM,然后用类图描述 PIM,并利用模型转换语言定义 PIM 与 PSM 之间的转换。Kherraf 等[28]在 CIM 层次上,利用 UML2.0 活动图建立系统的业务流程模型,然后将活动图细化到指定的系统需求。其详细过程为:将活动图中的每一个活动映射为用例,每个角色映射为参与者,从而建立系统视图的需求模型。

可以看出,无论是 BPMN 模型、价值模型还是其他 CIM 建模方法,大多数都是从开发者角度出发建立业务需求模型,且建立在系统的业务需求清晰、企业模型固定的基础上。利用这些建模方法建立的单一业务模型,由过程和数据组成,对软件系统的业务理由(rationale)没有涉及。虽然使用单一的建模方法,能对某些特定领域的业务系统建立 CIM 模型。但是,随着业务系统的业务需求越来越复杂,协作环境中业务交叉越来越频繁,如供应链和生产销售领域的业务交叉,采用单一的建模方法难以完整描述系统的需求和环境。因此,采用多视图多层次的建模方法已成为当前 CIM 建模方法的研究热点。

2. 多层次建模方法

为了更加清晰地了解信息系统被使用的具体业务环境,Zachman 框架[29]作为最典型的系统框架,对企业信息按不同要求和不同角度进行表示。该框架分为两个维度:横向维度采用 6W(what,how,where,who,when,why)进行组织;纵向维度反映系统架构层次,分别为范围模型、企业模型、系统模型、技术模型、详细模型、功能模型。该框架独立于信息系统所使用工具的平台,对企业信息进行抽象定义。因此,许多研究借鉴 Zachman 框架,设计了多视图多层次方法用于 CIM 抽象层次建模。

多层次建模方法主要表示为纵向维度的逐步细化过程,Zdravkovic 等[24] 提出资源-事件-作用者(resource-event-agent,REA)框架本体描述 CIM 模型。该框架将 CIM 模型划分为 3 个垂直的层次:

(1)价值链模型层次,描述业务过程,认为一个业务活动可以被描述为在一个事件中的两个作用者交换经济价值的动作过程,该过程包含一系列的输入(经济资源提供或消费)信息和输出(经济资源收入或获得)信息;

(2)业务过程模型层次,描述每个价值链中涉及交换资源的交互事件;

(3)业务事件模型层次,定义完成每个业务过程和事件的活动顺序。

由此可见,REA 框架通过逐层分解业务需求,能够更加详细地描述每个业务服务过程的活动细节。

在国内多层次模型的研究中,Che 等[30]将 CIM 抽象层次分为 CIM 业务(CIM-business)和 CIM-ESA。其中 CIM 业务面向业务需求,描述企业的每一个方面,包括功能、过程和信息;CIM-ESA 面向过程,描述业务过程的信息。该模型的目标是从 CIM 业务层次中获得用户的需求,从而为整个系统提供支持。而 CIM-ESA 层又分为过程模型、信息模型和组织模型 3 种模型,其中过程模型提供功能需求,信息模型提供数据需求,组织模型提供权利需求。刘英博等[31]集成 MDA 框架构建制造系统的开发方法,将 CIM 模型层次划分为业务层和对象层。顶层的业务层由一般业务、典型业务和个性业务模型组成;底层对象层由对象模型表示。

3. 多视图建模方法

多视图建模方法表示为横向维度的,从不同视图和角度建立业务模型的方法。De Castro 等[25]提出应用 e^3 价值模型描述价值交换过程中的经济价值和价值活动,应用 BPMN 模型描述系统业务过程,并详细定义 CIM 抽象层次中价值模型和业务过程模型至 PIM 模型的映射。而 Zhang 等[32]提出由价值模型代表的参与者视图,信息模型代表的系统视图,以及过程模型代表的业务视图的多视图建模方法。Pahl[33]设计 CIM 多视图框架由使用子集关系描述的信息视图、使用组成关系描述的结构视图和依赖关系描述的过程视图构成,论述 3 种视图描述业务信息之间的不同关系。在国内的多视图方法研究中,吴雷[34]对企业资源计划(enterprise resource planning,ERP)系统涉及业务方面、流程方面、组织方面、数据方面和资源方面进行了完整论述。

可以看出,多层次和多视图方法从不同应用角度能更好描述系统的需求,成为复杂业务系统建模的主要趋势。但是,以上这些多层次多视图建模方法研究,仅仅从概念框架上描述建模过程和要求,没有对多视图多层次模型进行形式化分析,也并未验证和分析多视图多层次模型之间的语义关联性和一致性,导致模型的正确性和完备性受到很大的挑战。

1.2.2 CIM 模型形式化

从上述 CIM 建模方法的现状分析可见,无论是单一的 CIM 建模方法还是多层次建模方法,研究人员仅仅从概念层次研究其建模方法,而对 CIM 模型语法、语义的研究较少。由于 CIM 形式化语义的缺乏导致高层模型的描述不够完整、精确,难以有效地支持模型转换和代码生成,同时也不能建立有效的评价和验证机制,进而加剧 CIM 模型自动转换至 PIM 模型的实施难度。因此,CIM 模型的形式化是实现顶层概念模型至底层代码自动生成的关键基础。

形式化能够对模型的正确性进行验证,同时能够应用形式化语义验证模型的一致性,有效排除自然语言描述中的二义性问题。因此,形式化模型有确定性的优势,具有支持形式分析和证明,允许执行和产生的功能。当前基于 MDA 模型形式化的研究大多数集中于 PIM 抽象层次上[35-38],该抽象层次模型往往采用 UML 模型表示,因此 PIM 抽象层次模型的形式化往往是对 UML 模型的形式化[36,39-41]。结合 CIM 现有的建模方法和模型形式化研究来看,目前 CIM 模型的形式化主要有以下几种方法。

1. 基于形式描述语言的方法

形式化描述语言有 Z 语言、情景文法 SG、基于场景的规范描述语言 (scenario-based specification description language,SSDL)等。在 CIM 抽象层次上,鉴于 Z 语言所具有的基于类型的集合理论,及其结构机制的特征,Z 语言适合描述一个模型的抽象语法结构,如 Wong 等[42]应用 Z 语言形式化描述 BPMN 模型的抽象语法;而情景文法 SG 主要利用上下文无关文法表达情景实例的属性关系;SSDL 情景规约主要用于描述最终用户的形式化情景实例,应用于业务需求的形式化[43]。然而这些基于形式化描述语言的方法往往是对系统的静态结构进行分析,无法形式化描述系统中的动态行为,所以这些形式描述语言在 CIM 抽象层次上不能较好地描述业务的动态行为和交互过程。此外,形式化语言的语法检查较为复杂,且缺乏相关工具,导致实际研究中用某种形式化语言描述 CIM 模型较少。

2. 基于 Petri 网的形式化方法

Petri 网作为一个通用的形式化模型,利用"流"的形式分析系统的行为[44-45],能够更好地定义业务模型的过程语义。在 MDA 领域中,Petri 网广泛应用于 CIM 抽象层次模型及 PIM 抽象层次模型的形式化[5,35,46]。在 CIM 抽象层次上,针对运用 BPMN 创建业务过程模型出现的一些语义错误问题,Dijkman 等[47]将 BPMN 映射为 PTN Petri 网形式语言,详细分析了 BPMN 模型的正确语义。而 Sun 等[48]则利用 Petri 网描述基于服务的业务过程模型,提出基于 S-不变量(S-invariant)的业务系统安全分析方法,从而有效地补救了传统方法的漏洞和降低分析工作量。Kheldoun 等[49]针对复杂业务流程,基于 Petri 网模型,形式化验证了复杂业务流程模型的正确性。虽然 Saini 等[50]利用 Petri 网模型对业务流程模型的动态行为进行完整的形式化描述,然而,当前的 Petri 网模型作为一种分析系统行为的形式化方法,无法对 CIM 抽象层次模型中的静态组织结构进行形式化,使得 CIM 模型基于 Petri 网的形式化仅仅局限于"工作流"视图。

3. 基于进程代数的形式化方法

进程代数(process algebra,PA)语言具有描述通信顺序进程(communicating sequential processes,CSP)的功能,因此可将 BPMN 模型映射为 CSP 的过程和事件集合[51]。其中,过程集合表示 BPMN 中的任务对象,事件集合表示 BPMN 中任务对象之间的流关系。Wong 等[42]利用 CSP 形式化 BPMN 模型中的过程语义,说明不同的工作流模型。由此可见,CSP 能够更好地描述 BPMN 的行为。而 Mendoza 等[52]提出一个形式化组成验证方法(formal compositional verification approach,FCVA),该方法利用 CSP 和时间过程计算来构建 BPMN 模型实体的非功能需求(non-functional requirement,NFR)方面的内容。该研究的重点在于分析 BPMN 建模实体的时间语义,从而获取任务交流和协作的约束性条件以及例外流的时间间隔等信息。因此,时间语义的设计有助于我们理解活动和任务信息之间的协调一致性,约束业务任务之间的交流和协作以及理解业务过程参与者的行为。所以,该方法能够证明业务过程任务模型(business process task model,BPTM)的正确性。但对于简单的业务过程模型来说,这种形式化方法过于复杂和庞大,难以理解。

4. 基于本体的形式化方法

本体通过公理描述实体、实体的属性、关系和制约,领域本体表达相关和特定领域的概念化,因此,基于领域本体的形式化方式也是一种基于公理和规则的形式化方式。本体在软件工程领域往往被称为人类知识学习[53];然而OMG 将本体定义为一个通用的词汇和概念用于描述和表达知识领域[54],本体往往应用于知识工程中[37,50]。领域本体是由概念类及概念类层次结构、概念间的关联关系、概念间的函数关系、概念公理和领域实例等组成[55],所以许多研究人员利用领域本体模型设计软件开发过程[32-33,38,56]。

Garrido 等[57]针对协同工作系统利用 OWL 提出了基于本体的 COMO-CIM 模型,该模型框架包括动作、子活动、任务、角色、参与者、能力、小组、交互协议、协作任务、协作系统和组织等元素。COMO-CIM 作为一个概念框架,设计了通用的词汇表描述业务过程,以方便业务人员和软件工程师理解。Pahl[33]利用 OWL 建立了 CIM 抽象层次上的结构领域模型、过程领域模型和制约领域模型,完整地描述了业务系统的结构信息及业务过程信息。而 Pires 等[58]则集成本体、模型驱动和可控制的自然语言(controlled natural language,CNL),利用多视图模式描述业务系统的需求,并提出利用迭代的方式实现模型驱动需求工程建模,结合可控制的自然语言和本体,描述所有利益相关人员(stakeholders)和开发团队在模型驱动需求工程过程中的每一个活动。然而,该研究没有考虑当 CNL 句子发生变更时,本体概念应该发生相应的动态变更问题。

虽然利用本体模型建立的 CIM 模型具有形式分析和验证的功能,能确保CIM 模型的正确性,但是这种纯形式化建模方法要求业务分析人员和开发人员具有较强的领域本体知识;另一方面,这种严格限制性的本体开发过程,导致了本体 CASE 开发工具的缺乏,使其在实际的应用领域难以开展。

5. 基于范畴论的形式化方法

范畴论是以抽象方法描述数学结构,并表示结构之间的相互关系[59]。研究人员利用范畴论的"物件"和"态射"原理,形式化某个特定的范畴。在软件工程领域，一些研究人员将范畴论应用在软件体系结构的形式化分析和MDA 框架形式化。如 Van Lamsweerde[60] 提出基于 MDA 框架的拓扑功能模型(topological functioning model,TFM)方法，该方法应用范畴逻辑和循环分析,标识复杂业务系统中的功能,建立业务对象之间的因果效应(cause-and-effect)关系。同样,Koubarakis 等[61]利用范畴理论中的态射原理定义业务过程模型中动态行为之间的交流和沟通,提出一个纯数学形式化方法建立业务过程模型。但是,对于业务系统的用户来说,范畴论描述的模型较为复杂,且不易理解。因此,该方法适用于一些军事、航空等安全性要求较高的系统。

比较以上几种 CIM 模型形式化方法可见,其形式化的重点往往放在BPMN 模型的过程语义上,而对 BPMN 模型的静态结构的形式化没有提及。即使采用完全形式化模型如领域本体模型、纯数学形式化模型建立的模型驱动开发过程,由于相关业务人员和开发人员不能完全掌握数学模型,且缺乏自动化 Case 工具,导致在实际的应用系统中使用完全形式化模型开发软件系统会遇到很多的困难。因此,对 CIM 建模应该采用企业用户、业务分析人员和软件开发人员都理解和掌握的建模方法,而在模型正确性验证上宜采用形式化方法验证,这样就可以在既保证 CIM 模型的可理解性的同时,也保证CIM 模型的正确性。

1.2.3　CIM 模型至 PIM 模型转换方法

模型转换表示一个模型转换到另一个模型的过程。该过程涉及的内容包括:使用某种模型转换语言定义源模型元素至目标模型元素的转换规则;设计源模型和目标模型的元模型;确定输入模型和输出模型。其转换执行则由模型转换语言提供的执行引擎完成。因此,模型转换往往强调从源模型至目标模型的自动转换生成,所以模型转换是实现模型驱动开发的关键。

在 MDA 规范中建议了 4 种模型转换方法:基于标记的转换、基于模型的转换、基于模型融合的转换和基于元模型的转换。在此基础上,国内外学者总结了现有的模型转换方法,Czarnecki 等[62]将其分为模型到模型转换和模型到文本(代码)转换两大类。其中,模型到模型转换包括直接手动转换、操作型转换、结构驱动转换、基于模板的转换、关系型转换、基于图的转换和混合式转换;模型到文本(代码)转换包括基于访问者机制的转换和基于模板的转换。针对这些模型转换方法,已经出现一些具有代表性的支持 MDA 的工具及研发项目[63]，如 Eclipse modeling Project、AndroMDA、ArcStyler、OptimalJ、OpenArchitectureWare、IBM Rational Software Architect 等。大多数 MDA 工具都支持 PIM 到 PSM 的转换和代码自动生成，并已应用到制造业、金融业、电信业、电子商务等各行各业，成效显著。

然而，这些理论研究和建模工具却很少支持 CIM 模型到 PIM 模型的转换，这导致目前的 MDA 方法在业务需求与软件功能之间存在不一致性的现象。究其原因，是因为 CIM 描述的是业务需求和系统环境，通常由半形式化的建模方法描述，缺乏一个合理的结构，很难形式化地加以描述和精确定义。同时，由于 CIM 模型的主观性且缺乏通用的标准，使得模型转换研究主要集中在 PIM 至 PSM 抽象层次上[4,9,12,13]。目前，模型转换方式主要包括 3 种：手工转换、半自动转换和自动转换。其中自动转换已经被大量用于 PIM 至 PSM 以及 PSM 至代码的转换中；而半自动化转换采用概要文件 Profile[64]、模式 Patterns[65-67]和标注 Marking 实施。在模型驱动开发过程中，CIM 至 PIM 抽象层次的转换，大多数研究都采用半自动的方式[6,10,68-70]，而转换的一部分工作通常依赖开发人员的经验手动完成。总结近年来国内外学者们在 CIM 至 PIM 的转换中可以发现以下主要的转换方法：

1. 基于构件的转换方法

基于构件的转换方法的核心是运用特征模型描述 CIM，运用基于构件的体系结构描述 PIM。Kherraf 等[68]指出运用模式构建 CIM 的业务过程模型，并基于原型生成 PIM。而 Zhang 等[32]提出一种面向特征且基于构件的 CIM 到 PIM 的转换方法。同时，基于构件的转换方法通过特征、责任与构件三者之间的映射关系来保证模型转换的可追踪性。虽然，基于构件的转换方法因为模式或原型的应用可提高转换的质量，但并不是每个问题都能在已定义的模式或原型中找到合适的解决方案，因此构件在模型和模型转换的完备性及通用性上都具有一定的局限性。

2. 基于元模型的转换方法

基于元模型的转换方法是通过制定 CIM 与 PIM 元模型元素间的关联来实现转换的，这种关联通常利用模型转换语言（如 QVT、ATL 等）描述模型转换规则[71-72]，利用模型转换语言的执行引擎执行转换规则。Bousetta 等[19]定义一系列从 CIM 模型至 PIM 模型的元模型半自动转换的规则。这种半自动转换方法有利于减少系统设计人员与开发人员之间的"gap"。为了同样的目的,De Castro 等[25]提出在面向服务开发环境中采用元模型转换方式,以实现 CIM 模型至 PIM 模型的半自动化转换。这些基于元模型的半自动模型转换方法也被应用于知识工程[71]和系统安全建模中[37]。

由于这些基于元模型的半自动转换方法没有涉及形式化问题,这导致转换的实现依赖于更加严格的约束规则[73-74]。如 Zhang 等[74]提出面向工作流的 MDA 自动 Web 应用开发方法,该方法专门针对特定的应用(如 Web 系统中的应用)或特定的源/目标模型,借助元模型直接找到映射规则。虽然采用更加严格的约束规则,从更高的抽象层次保证了模型转换的完备性和一致性,通用程度有所提高,但是,转换的质量却取决于元模型间映射规则的质量。因此,如何保证这些映射规则在语义上的正确性和如何在元模型层提高转换的自动化程度等方面还需进行深入研究。

3. 基于模式(patterns)的模型转换方法

模式是一种对特定上下文环境中重复出现问题的解决方法。模式将设计者的时间、技能及知识封装,形成一个统一的解决方法以解决软件问题。基于模式的模型转换方法是应用模板(templates)实现特定类型转换的参数化模型过程。模板可利用规则实现一个模型类别中的模型元素模式转换为另一个模型元素模式。如 Cao 等[75]从应用工程的角度出发,在 CIM 层次中利用领域特征模型描述系统的问题空间和应用需求;在 PIM 层次上将模式应用于设计阶段,实现设计重用。因此,该研究是将 CIM 抽象层次上的特征模型通过分析模式、体系结构模式和设计模式转换为 PIM 模型。ZadahmadJafarlou 等[65]提出结合模式和 MDA 的模型驱动开发方法,该方法基于模式的问题域分区,将 CIM、PIM 和 PSM 模型都设计为模式,以不同的视图定义标记、元模型转换、浸入模型和补充信息 4 个阶段的建模,由此实现完整的模型驱动开发。虽然该方法提高和加速了 MDA 元模型之间的转换,但是其研究仅仅给出基于模式转换的框架,而实际的转换工具则没有提及。

4. 形式化模型转换方法

基于形式化模型的转换方法不但能保证源模型与目标模型的语义一致性,而且也能支持模型的自动转换。该类型的转换方法主要包括利用谓词定义的纯数学形式的转换、利用领域本体的自动转换、基于 XML 的业务流程语言形式化执行以及基于 Petri 网的模型转换。

1) 利用谓词定义的纯数学形式的转换

图谓词框架(diagram predicate framework,DPF)研究项目是由 Bergen 大学学院和 Bergen 大学在 2006 年发起的,旨在为模型驱动工程(model driven engineering,MDE)提供一个形式化概念框架[70,76]。该框架基于范畴论和图转换的形式化方式,实现包括元建模、建模、模型转换和模型关联等功能。因此,Rutle 等[70]提出基于 DPF 形式化元建模方法,并利用范畴论的态射定义模型转换。Rossini[76]提出基于 DPF 的模型驱动环境的形式化概念框架,重点利用 DPF 形式化整合 MDE 中的模型版本控制和深度元建模。而 Rabbi 等[77]提出图解的方法帮助软件设计师完成部分建模,该图解方法提供一个形式化模型转换技术,加强了建模语言的自动执行。但是,图形化建模工具的研发是未来 DPF 必须要解决的问题。

2) 利用领域本体定义的自动转换

领域本体作为一种完全形式化方法,基于本体的模型转换研究[33,57-58,78]定义一个本体模型至另一个本体模型的自动转换,保证模型的语义一致转换。对象约束语言(object constraint language,OCL)作为本体建模中常用的模型元素约束语言,Arevaloa 等[79]和 Estañol[80]利用 OCL 语言形式化描述 BPMN 模型的元模型结构,从而保障 BPMN 模型的正确性。Rouser 等[78]和 Garrido 等[57]给出一个基于本体的模型转换概念框架,旨在实现模型的互操作从而提高转换的通用性,但其研究只给出实现元模型间语义转换的简单思路,并没有详细考虑转换执行的方法、工具及步骤等。

国内基于本体的模型转换研究主要集中在 PIM 模型至 PSM 模型上,张建富等[81]和赵建勋等[82]提出基于本体映射的 MDA 模型转换方法,但该方法定义的模型本体仅为转换的执行者提供一个语义基础,而基于本体的不同抽象层次模型转换过程则主要通过人工完成。针对本体模型实现问题,余金山等[83]通过扩展 OCL,并为 OCL 的 express 加上动态形式,如 create、delete、modify 和 evaluate,并用形式化语言描述这些操作的定义;然后制订相应的转换规则,利用扩展的 OCL 编写转换程序,以实现本体模型转换的自动执行。

本体有益于形式化定义模型,并能推理语义模型。而语义 Web 如 XML schema[84]、RDF[85]和 OWL[86]的发展为本体和语言提供了良好的工具支持,这些本体语义 Web 工具能够较好地分离领域相关知识和操作平台。如

Nečaský 等[12] 则直接利用 XML schema 进行本体的概念建模。虽然本体模型作为一种形式化模型有确定性的优势,具有支持形式分析和证明模型正确性的功能。但是,使用本体形式化模型又具有一定的局限性,其局限性主要体现在:① 本体不能完整的表达真实世界的应用,模型通常复杂和难懂,创建形式化本体模型困难且容易出现错误。② 由于本体建模 CASE 工具的缺乏,使得当本体形式的 CIM 模型转换为 PIM 模型时,往往只能采用自然语言描述其转换规则。所以,在模型驱动开发过程中,会出现高层次抽象模型与低层次 Web 应用相脱节的现象。

3) 基于扩展标记语言(XML)的业务流程语言形式化执行

BPMN2.0 可以通过使用扩展标记语言(extensible markup language,XML)来指定业务流程的可执行语法,可直接映射至 Web service 业务过程执行语言(Web services business process execution language,WS-BPEL)执行,被广泛应用于各种领域系统的业务建模[14,87-88]。Mazanek 等[87] 利用上下文无关超图模型语法构建 CIM 抽象层次的 BPMN 模型至 PSM 抽象层次的 BPEL 模型之间的自动转换,但这种图解析组合转换方法使得功能的关键特征变得烦琐,从而影响转换效率。

4) 基于 Petri 网的模型转换

Petri 网模型以图形式化方式建模,提供直观的可视化信息,更容易被系统分析员和软件开发员理解。因此,Petri 网被广泛地用于基于工作流视图的活动图模型转换[46,89-91],以及基于场景模型视图的时序图模型转换[92-94]。在基于 Petri 网的其他应用研究中,Tello-Leal 等[95] 和 Faria 等[96] 利用 Petri 网定义了外部交互协议和内部交互规范,这种交互式协议描述使得 Petri 网能够处理更为复杂的工作流。Khan 等[97] 基于本体和着色 Petri 网(colored Petri net,CPN)解决可执行系统结构的不一致问题。Hsieh 等[98] 则基于工作流系统,使用 Petri 网模型自动产生用户上下文感知动作列表从而完成有效的资源分配控制。因此,Petri 网作为一种形式化方法,不但具有完整的模型验证技术[99-100],而且也用于系统安全性分析[47,101],因此被大量用于嵌入式系统[100,102-103]。

综合以上 CIM 模型至 PIM 模型转换的研究现状可见,采用非形式化方式的模型转换方法往往只能是半自动化方式,无法解决模型自动转换的问题,且模型的正确性和模型转换后的语义一致性得不到保障。而采用形式化方式的模型转换往往基于形式化框架,要求建模者具有较强的数学知识。然而,对于普通用户,形式化模型生涩难懂,其实用性难以推广。因此,将形式化模型引入业务建模的研究,不仅可以使模型转换能够的自动执行,而且也可以使模型转换便于软件分析员的理解。

1.2.4 模型的语义一致性验证

模型的语义一致性验证往往需要借助形式化语义来实现,这首先需要利用形式化方法形式化源模型和目标模型;然后定义语义一致性规范;最后利用一致性规范验证模型的一致性。因此,语义的定义被广泛地用于验证模型的多个方面[104-113]。如 Goknila 等[104]定义的形式化追踪语义,可以自动生成和验证系统的需求和系统结构之间的追踪。Ni 等[106]利用 CPN 验证 Web 服务组成模型中不同服务之间的参数语义一致性、功能语义一致性和 QoS 一致性。Patig 等[107]基于模式的方法验证以文本、表或图形式存在的业务过程,其验证的内容包括工作控制流模式以及业务过程描述的正确性属性。

模型的一致性问题是模型形式化验证的焦点[114],利用 Petri 网不但可以验证进程间的行为一致性[115]和语义一致性[105],还可验证业务模型的时序约束一致性[116,117]。而 Calegari 等[118]提出模型转换需要从模型语法关系、模型语义关系和功能性行为 3 个方面,全面验证模型与模型之间的语义一致性问题。De Backer 等[105]利用 Petri 网模型,设计业务协作系统中两个参与者业务过程之间的语义相容性。通过定义完全语义相容、强语义相容和弱语义相容几种情形,验证两个业务过程之间的语义一致性。这些语义相容的设计有利于组织业务过程的设计,从而降低复杂业务协作中存在的风险和成本。Lucas 等[119]以状态机和时序图为例,提出状态机与时序图之间一致性分析过程。该过程首先分析在系统开发中一个行为在不同模型中的定义,这种定义往往从基于元模型的转换规则中得到;然后基于推理机制和转换执行命令检查模型行为问题;最后经过转换执行判定模型是否一致。与 Lucas 相近的有 Braga 等[110]提出的转换合约问题,该研究定义形式化模型转换规则,运用转换合约的逻辑形式化描述,验证和执行模型转换,从而保证模型的一致性。

可见,Lucas 等[119]和 Braga 等[110]提出的一致性验证主要依赖一对一的转换规则的设计,而模型与模型之间不能用一对一转换规则表达的相关元素则被忽略。同时,由于 CIM 模型与 PIM 模型处于不同抽象层次,其表达业务系统的内容不一致,PIM 模型必然会在 CIM 模型的基础上进一步细化、完善和提炼。在这种情形下,利用一对一之间的映射关系来判断模型与模型之间的一致性显然不是很完整和恰当的。因此,定义不同情形下的语义一致性分析技术,能够有效地验证当 PIM 目标模型发生变化时,其语义是否与 CIM 模型保持一致,这具有重要的现实意义。

从以上 CIM 建模方法、CIM 模型形式化、CIM 至 PIM 模型转换以及模型转换的语义一致性研究现状可以看出,目前在模型驱动框架中 CIM 抽象层次模型和模型转换的研究领域有以下方面还有待进一步解决和完善:

(1) 以 BPMN 模型为主导的单一 CIM 建模方法主要基于业务需求完整、清晰的基础上,且模型详细复杂不易于企业普通用户的理解,从而加大了业务分析员和企业用户之间的"gap"。

(2) 在利用纯数学形式化模型和本体模型建立的完整模型驱动框架研究中,其形式化模型的理解和掌握需要建模者和使用者具备很好的数学基础。

(3) 在模型形式化研究上,现有的研究或者从业务系统工作流出发形式化模型的动态行为,或者只考虑静态结构的形式化,但完整地将 CIM 模型的静态结构和动态行为都形式化的研究还较少。

(4) 由于大多数研究主要将 CIM 模型看成一个固定的模型,而一旦业务需求发生变更时,则模型的正确性就缺乏有效的验证机制。

(5) 模型转换方面,大多数的自动转换方法都集中在 PIM 至 PSM,PSM 至代码的转换,且 CIM 至 PIM 的转换往往采用半自动化方式完成,其自动转换研究方法还很缺乏。同时,目前的半自动化转换方式由于加入了人工的参与,源模型与目标模型之间的语义一致性也还有待验证。

这 5 个方面的问题即是本书重点要解决的问题。

1.3　研究意义

基于上述研究现状的分析和研究内容的提出,本研究具有一定的意义,其表现如下:

(1) 将目标模型和场景模型两种需求分析方法引入 CIM 抽象层次中,使得 CIM 抽象层次模型更加清晰、正确的描述业务系统的需求,也使得目标模型和场景模型支持模型驱动开发,从而进一步促进了软件需求分析方法与模型驱动开发的结合研究。

(2)提出的 GSP 多层次 CIM 建模方法结合需求分析方法和业务建模方法弥补了当前 CIM 模型难以理解、不易扩展等局限性。应用 GSP 建模方法建立的多层次业务模型,一方面使得业务系统的利益相关者如企业用户、业务分析员、软件开发员等都能理解和掌握业务系统的需求,从而为这些用户之间的相互沟通架起桥梁,使得最终的软件系统更加满足企业用户的需求。另一方面由于 GSP 建模方法结合软件需求分析方法和业务过程建模方法,采用逐步求精和逐步细化的方式建立多层次模型,在业务细化过程中会进一步识别未知的业务需求,其逐步细化和迭代的建模过程使得最终的 CIM 模型描述业务需求更加完整、清晰。因此,GSP 多层次建模方法能够为业务系统建立正确的、一致性的 CIM 模型,对复杂业务系统的 CIM 建模研究具有一定的指导意义。

(3)从语法、语义上提出的扩展 Petri 网模型不但可以完整地形式化业务场景模型和业务过程模型中的动态行为,而且也可以形式化这两种模型中的静态组织结构。这一扩展 Petri 网模型的设计一方面丰富模型形式化方法的研究,为模型的正确性和一致性验证提供基础支撑,另一方面为 CIM 模型形式化的研究和实践提供帮助,从而推动 Petri 网在计算机科学中的发展与应用。

(4)提出在工作流视图下利用扩展的 Petri 网模型作为中间模型的自动转换方法,实现 CIM 模型的静态组织结构和动态行为完整的映射至 PIM 抽象层次模型。这一自动转换技术可为当前 CIM 模型至 PIM 模型半自动转换向自动转换的研究提供借鉴参考,推动 CIM 模型至 PIM 模型的自动转换技术研究的发展。

(5)提出语义一致性验证方案丰富模型语义一致性验证研究。利用范畴论的映射关系和扩展 Petri 网中的状态变迁,从语义上定义紧邻序列和执行顺序序列,设计各模型之间的语义一致性验证策略,以解决 CIM 抽象层次模型的中各模型之间和工作流视图下 CIM 模型与 PIM 模型之间的语义一致性问题,可为其他模型的语义一致性研究提供借鉴。

第 2 章

相关技术基础

在模型驱动开发(MDD)过程中,涉及模型驱动开发框架、模型驱动开发平台、模型驱动开发工具、模型转换语言和模型转换方法、模型形式化工具等技术。本章将介绍与模型驱动开发相关技术的特点与应用,这些技术为模型自动化转换研究提供理论基础和技术支撑。

2.1 模型驱动开发

模型驱动开发(model driven development, MDD)是以模型为中心,允许新的应用程序使用已有概念模型或者借鉴和使用已有的领域模型,目标是获取和维护抽象模型的业务过程,并能映射至实现。MDD 的目的是简化业务流程的开发和维护以及通过模型执行、模型转换或代码生成的技术实现自动化开发[120]。MDD 将复杂软件系统的开发过程分解为不同的抽象层次,降低了软件开发的难度,提高了软件开发效率,实现了复杂软件系统的可适应性和可重用性。对象管理组织(object management group, OMG)提出的模型驱动体系结构(model driven architecture, MDA)定义基于模型的开发过程以及自动将模型映射到实现的方法,其开发过程见图 2.1。由图可知,模型与模型之间依靠元模型映射执行。

模型驱动开发的实现依赖于相关技术的支持,在 MDA 标准描述文档中[3]明确指明与 MDA 有关的技术标准包括统一建模语言(unitfied modeling language, UML)[121],元对象机制(meta object facility, MOF)[122],公共仓库元模型(common warehouse metamodel, CWM)[123], UML 配置文件

（profiles）及实现平台 CORBA[124]。

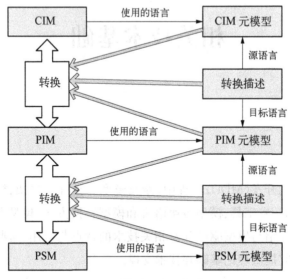

图 2.1 模型驱动开发过程

1. UML

UML 作为一个可视化的标准建模语言，适合于表达 MDA 模型。在目前的研究中，UML 模型已经成为 PIM 抽象层次的标准建模语言。如使用 UML 用例（usecase）模型代表系统需求模型[25]，UML 活动图模型代表系统服务过程模型[23,65]，UML 类图模型代表系统静态结构模型[10,71,125]以及使用时序图代表系统行为模型[19]。虽然 UML 是 MDA 的核心语言，但 MDA 并不仅仅依赖于 UML。事实上 UML 常常对模型细节的表达差强人意，这也是为什么在许多研究中扩展 UML 和开发 UML 配置文件（profiles）来描述模型细节，甚至使用领域建模语言（DSML）来建立业务系统的相关模型。

2. MOF

MOF 被称为元对象机制[122]，提供一个用于指定和操纵模型的模型库，MDA 中所使用的建模语言都由 MOF 来定义，模型驱动中的模型转换也是基于 MOF。从体系结构的角度来说，MOF 定义了 4 层结构如图 2.2 所示，这 4 层结构中，类和对象模型（M0 层）描述的是具体应用中的数据，在应用程序中表示为类和对象，对象是类的运行时实例；模型层（M1 层）描述目标数据的元数据，规范和定义 M0 层，在 UML 中表示为一个具体的用例模型、活动图模型等;元模型(M2 层)即元-元数据层,包含了定义模型层的元数据,定义 M1 层中元数据的抽象语言,在 MOF 中一个模型由元-元数据构成时被称为元模型,如 M1 层中的 UML 模型可以看作是 M2 层中 UML 元模型的一个实例;元-元模型即 MOF 模型 M3 层,定义了表示元模型层的抽象语言。如 M2 层中 UML 元模型可以看作是 MOF 元-元模型的实例。由于 MOF 中的最顶层可以建立所有建模语言的元模型。因此,现有的软件体系结构研究[126]、模型驱动研究以及软件设计方法都需要 MOF 来解决视图的一致性问题[13]。

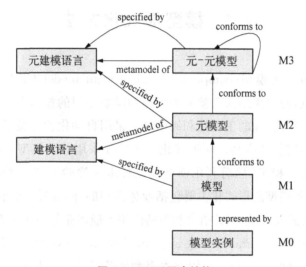

图 2.2　MOF 层次结构

3. UML 配置文件

UML 配置文件(profiles)提供给 UML 一种扩展机制,任何使用 UML 配置文件的模型都属于 UML 模型。UML 配置文件应用于语言规范,使得设计一个新的建模语言可以通过增加该语言的新语言元素或限制已有的语言元素来实现。一个新建模语言可能用于建立新的模型,也可能用于利用限制性描述去规范已经存在的模型。任何新配置文件都可以用于现有模型,实现现有模型的扩展或约束。因此,通过 UML 配置文件来扩展 UML 模型使其实现一些特定领域或复杂系统的建模,已经成为当前研究的热点[127-129]。

根据模型驱动开发过程和 MOF 的层次结构可见,模型作为 MDD 的核心发挥着重要的作用。根据 MDA 的描述,模型驱动开发将传统的关注平台相关和具体实现的代码工作提高到分析模型阶段,而平台相关模型和代码则由模型转换自动完成。这样的开发过程使得具体的实现平台与业务逻辑分离,无论将来业务具体平台如何变化,我们可以将现有的业务逻辑通过定义的模型转换直接映射至新的平台。这样就实现了模型的重用,同时也提高了软件开发的效率和降低了开发成本,使得开发人员的关注焦点集中在表示系统真实模型上。由于当前的模型转换主要在元模型(M2)层次上,因而模型驱动开发过程研究的重点主要集中在元模型层(M2)和模型层(M1)。

2.2　模型形式化方法

由于计算无关模型(computation independent model,CIM)本身所具有的主观性特点,使得采用人工验证业务模型需要专门的技术人员和领域专家的参与,因而具有很强的主观性和局限性。采用自动化验证技术对于业务系统来说,成本较低,效率高。而形式化方法首先采用数学模型来描述和演绎业务系统的业务模型,然后利用模型检验技术来检验系统是否满足某些性质、条件。业务模型的形式化主要包括业务模型的静态组织结构的形式化和动态行为的形式化。其中,Z 语言和范畴论用于描述业务系统静态组织结构,而通信顺序进程(communicating sequential processes,CSP)和 Petri 网往往用于描述业务系统动态行为。因此本书利用范畴论形式化业务系统的目标模型,利用 Petri 网形式化业务系统的动态行为。

2.2.1　范畴论

范畴论是以抽象方法描述数学结构和表示结构之间的相互关系。利用"物件"和"态射"来形式化某个特定的范畴,范畴论对不同领域结构的发现和验证连接是非常有用的[130]。在软件工程领域,一些研究者将范畴论应用在软件体系结构的形式化分析和验证上,如 Fiadeiro[131] 应用范畴论提出跨多种语言的一个概念框架,利用该概念框架形式化软件系统开发过程。Zhu 等[132]利用范畴论形式化并发系统中的设计与执行,并验证设计与执行的一致性。而 Ormandjieva[133] 利用范畴论实现多 Agent(multi-agent)系统中 Agents 之间关系的表达和系统属性的验证。这些结构上的形式化优势可以应用在业务模型中,本书利用范畴论形式化验证业务系统中各业务目标之间意图关系的正确性,从而验证目标模型的正确性。

为了详细了解范畴论,下面介绍范畴论的一些结构理论知识[59]:

定义 2.1 一个范畴由下列数据组成:

对象(objects):$A,B,C,\cdots$

射(arrows):$f,g,h,\cdots$

对于每一个射 f 有给定对象:

$\mathrm{dom}(f),\mathrm{cod}(f)$,被称为领域(domain)和密码域(codomain),可以写为 $f:A\rightarrow B$,即 $A=\mathrm{dom}(f)$,$B=\mathrm{cod}(f)$。

① 如果给定射 $f:A\rightarrow B$ 和 $g:B\rightarrow C$,则 $\mathrm{cod}(f)=\mathrm{dom}(g)$,则存在一个射 $g\circ f=A\rightarrow C$,称为 f 和 g 的复合(composition)。

② 对于一个对象 A 都存在一个射 $1_A=A\rightarrow A$,则被称为 A 的标识射(identity arrow)。

③ 复合也具有结合性(associativity)的特点:$h\circ(g\circ f)=(h\circ g)\circ f$。

④ 每一个射 $f:A\rightarrow B$,$f\circ 1_A=f=1_B\circ f$。

定义 2.2 一个函数(functor):$F:C\rightarrow D$,表示范畴 C 和范畴 D 之间对象至对象,射至射的映射,以如下方式实现:

① $F(f:A\rightarrow B)=F(f):F(A)\rightarrow F(B)$,

② $F(g\circ f)=F(g)\circ F(f)$,

③ $F(1_A)=1_{F(A)}$。

除了以上关于范畴理论结构的定义外,由于本书中应用范畴论形式化目标模型,那么一个目标模型系统一定存在初始点目标对象和终点目标对象。因此,本书的理论背景关键在于范畴模型中的初始点目标(initial)和终点目标(terminal)对象的确定。其形式化的描述为:假设一个初始点目标对象 I 存在于范畴 C 中,而范畴 C 中除了 I 对象之外的每一个对象都应该有一个独特的 codemain 射,而 I 对象只有 domain 射,即范畴 C 中存在任何一个对象 X,对象 I 与对象 X 之间存在独一无二的射 $I\rightarrow X$,因此,可认为对象 I 是范畴 C 的初始目标对象。假设一个 terminal 对象 T 存在于范畴 C 中,而范畴 C 中除了 T 对象之外的每一个对象都应该有一个独特的 domain 射,而 T 对象只有 codemain 射,即范畴 C 中存在任何一个对象 X,对象 X 与对象 T 之间存在独一无二的射 $X\rightarrow T$,因此,可认为对象 T 是范畴 C 的终点目标对象。

初始对象与终止对象的确定就使得范畴理论更加正确的形式化业务目标模型。

2.2.2　Petri 网

Petri 网作为一个被广泛使用的形式化模型,无论是控制流、对象流,还是信息流,Petri 网适用于描述系统的这些"流"行为,该特征使得 Petri 网更好地定义业务流程模型的语义。业务模型的本质也是基于"流"形式的模型,因此利用 Petri 网形式化业务模型具有确定性的优势。此外,Petri 网理论的研究已经进行几十年,与其他形式化方法相比,相关的 Petri 网建模工具能够完全支持可视化建模并实现自动模型分析功能。

一个典型的 Petri 网是由库所(place)和变迁(transition)两种结点元素,有向弧(arc)以及令牌(token)组成的有向图[44]。这种图形化的语法允许 Petri 网用直观的可视化方式来表达。通常 place 元素用圆表示,transition 元素用矩形表示,而元素 place 与 transition 之间的连接是利用有向弧(arc)来连接,令牌(token)是 place 中的动态对象,可以从一个 place 移动到另一个 place。在 Petri 网模型中,有向弧一定是有方向的,2 个 place 或 2 个 transition 结点之间不允许用 arc 连接。在 Petri 网执行期间的某个定点上,每一个 place 可以拥有 0 个、1 个或多个 token,而 token 代表系统执行的流过程。因此,一个 Petri 网的状态表示为一个分配若干个 token 到每一个 place 的功能,这种功能也被称为 marking。

由于一个工作流模型往往是有限个动作的集合,有开始和结束。因此,Petri 网模型中还存在许多限制性的约束,如强制性的限制 Petri 网模型的开始 place 只有输出弧,没有输入弧,而结束 place 则只有输入弧,没有输出弧。同时,作为一个完整的工作流模型,该模型的所有动作行为都应该具有可达性的特点,即在一个 Petri 网模型中,从开始 place 结点开始,token 流向的所有路径将覆盖该 Petri 网模型中所有 transition 结点。

当前诸多研究显示,Petri 网能够形式化 MDA 框架中与业务系统或信息系统行为有关的每一个层次模型[5,35]。在 CIM 抽象层次上,Dijkman 等[47]提出将 BPMN 模型映射至 Petri 网模型,并应用有效性分析技术分析业务过程模型的死锁与模型正确性状态。Dechsupa 等[134-135]基于模型驱动技术,利用 Petri 网形式化 BPMN 模型,并对 BPMN 模型的动态行为进行状态分析。赵文等[136]提出模型驱动的工作流管理系统框架,并定义 ARIS 模型至过程网的转换;在 PIM 抽象层次上,Petri 网可以直接描述 PIM 模型并直接在平台上自动执行[100];在 PSM 抽象层次上,Petri 网用于描述业务服务模型,且可以直接在 DENEB(development and execution of iNteroperable dynamic web processes)平台上执行[5];在代码层,Philippi[137]实现了 Petri 网模型自动生成代码的功能。由此看出,Petri 网可以在 MDA 的每一个抽象层次上执行。此外,目前有许多工作流建模语言(如 YAML[138]和 Bossa[139])都是基于 Petri 网技术,通过扩展 Petri 网模型元素处理 Petri 网模型的中断等复杂工作流[140-141],同时,Petri 网能集成至 JAVA 应用中。因此,利用 Petri 网模型形式化 CIM 模型,可以实现 CIM 至 PIM 的自动转换。

在 Petri 网建模工具方面,Petri 网标记语言(Petri net markup language,PNML)[142-143]是一个基于 XML 交换格式描述 Petri 网的语言。PNML 文件能够被众多的 Petri 网建模工具和分析工具识别和读取。当前这些能够执行 PNML 文件格式的 Petri 网工具有 ePNK,PNML Framework,Coloane,Tina,OWLS2PNML,Petri Web 和 ProM[144]。这些工具中,PNK 工具是支持所有 Petri 网类型的一个通用编辑器,提供一个装入 Petri 网对象的 API。所以,可以将 PNK 看作是一个 PNML 文档对象模型。鉴于以上 Petri 网模型的特点,用 Petri 网作为形式化工具对于业务分析员和开发人员更容易理解和掌握,因此本书利用 Petri 网模型形式化场景模型中的场景交互状态和业务过程模型中的业务执行顺序和业务协作交互。

2.3　模型转换语言

模型转换工具支持一种模型自动映射至另一种模型,而模型转换往往在两个元模型之间展开,通常采用 EMF 工具建立完整的元模型,自动模型转换的实现依赖于模型转换语言的支持。目前最常见的模型转换语言主要包括 ATLAS 研究组提出的 ATLAS 转换语言(ATLAS transformation language,ATL)[145]和 OMG 组织提出的 QVT(query/view/transformation)[146]转换语言。

1. ATL 语言

ATL 语言由 ATLAS 组织开发,是一个基于 OCL 语言规则,用于表达 MDA 模型转换的声明式和命令式混合的语言,既有描述性语言的特征,又含有命令式语言的内容。ATL 转换规则的写作风格是声明式的,可以表达简单的映射。而命令式的结构用于处理比较复杂的映射。作为一种基于规则的语言,描述性是最主要的特征,但是为了完成某些复杂的转换,命令式的内容也被加进去。ATL 转换程序由若干个规则组成,这些规则定义源模型如何被匹配去创建和初始化目标模型。从 ATL 语言的执行方法上看,ATL 插件提供一个 IDE 环境,允许开发者编辑、调试和编译 ATL 程序[145]。

如图 2.3 所示,一个简单的 ATL 模型转换是定义一个从模型 Ma 中产生模型 Mb 的方法,其中模型 Ma 遵循元模型 MMa,模型 Mb 遵循元模型 MMb。在这转换中 ATL 转换程序本身也是一个模型,该转换程序遵循 ATL 元模型。元模型 MMa、MMb 和 ATL 都使用元元模型 Ecore 表达。因此,ATL 介绍了模型转换的概念使得一组源模型可以映射为一个或多个目标模型。而 ATL 转换引擎依赖于两种已存在技术的支持:元对象机制 MOF 和 EMF,这表明 ATL 能够根据 MOF 或 Ecore 语义去处理元模型。在实际模型转换应用中,ATL 中的元模型和模型的描述往往基于 EMF,在集成开发环境(如 Eclipse)中加入 ATL 插件就能实现 ATL 程序的编辑、调试和编译,从而成为模型转换执行的主要语言。

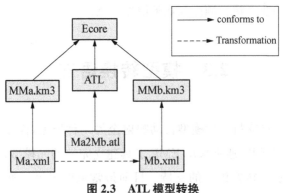

图 2.3   ATL 模型转换

2. QVT

QVT 由 OMG 组织提出的用于实现 MOF2.0 查询、视图和转换,企图寻求解决基于 MOF 模型的相互转换问题。QVT 的提出就是为了按照标准模式，进行各种模型之间的相互转换。其中查询(query)用于选择已经存在的对象，转换(transformation)描述如何从已经存在的对象中生成新对象。在转换时，如果选择保持输入和输出间的连接，则为视图(view)。QVT 规范具有混合描述性的/命令性的(declarative/imperative)的属性。

　　QVT 元模型关系如图 2.4 所示，QVT 包括 QVT relations、QVT core 和 QVT 操作映射(QVT Operational mappings，QVTo)。其中 QVT relations 描述 MOF 模型关系的描述性的(declarative)规范，支持复杂对象模式匹配，并用隐含创建的跟踪类和它们的实例来记录转换执行过程中发生的事情；QVT core 是一种小型模型语言，支持模式匹配，将源模型和目标模型元素以及跟踪模型视为对等，它对关系语言是很有效的。但跟踪模型必须明确定义，并且它不能由转换的描述来演绎，这一点与 QVT relations 一致。QVT core 模型可以直接被实现，或者简单的作为 QVT relations 语义学的一个参数。QVTo 提供了强制执行的标准方法，和关系语言一样组装跟踪模型，它为 OCL 的扩展提供了允许程序风格的副作用和具体的语法。当难以为组件关系提供纯粹的陈述性说明时，映射操作可以从关系说明中实现一个或更多的关系。映射操作经常为了创建模型元素之间的跟踪，直接或间接的涉及一个 QVT relation。因此，QVT 操作映射(QVTo)语言允许用命令性的方法定义转换(操作性转换)，或者用实现关系的强制操作实现关系转换(混合方法)。

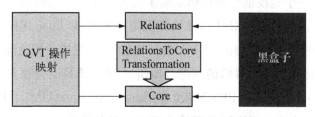

图 2.4　QVT 元模型之间的关系[146]

　　相比之下，QVTo 是一种命令式的语言能够扩展 relations 和 core 语言，并提供了程序上的具体语言，对于熟悉命令式的程序员来说更容易理解和掌握。此外，QVTo 还提供了类似 JAVA 虚拟机的黑盒执行机制，这使得程序员可以实现更加复杂的模型转换[147]。

QVTo 语言与 ATL 语言作为模型驱动开发过程中的两种模型转换语言,其共同点在于都是基于 MOF,其不同点主要体现在语法、输入模型与输出模型格式和执行引擎等方面。由于 ATL 模型转换中源模型和目标模型的表达都采用 OMG 组织的基于 XML 的元数据交换(XML-based metadata interchange,XMI)标准,而形式化模型 Petri 网的执行语言 PNML 也是基于 XMI 标准。所以,本书选择利用 ATL 模型转换语言进行模型形式化的自动执行。而 QVT 语言在模型双向转换和模型增量具有更新上的优势,因此 CIM 多层次模型之间的转换,以及 PIM 模型之间的转换均采用 QVT 语言描述和执行。

2.4　模型驱动工程的平台与工具

模型驱动以模型为核心,利用模型转换来实现不同抽象的建模,使得模型驱动开发的实现依赖于支持 MDA 开发的相关平台工具。目前模型驱动工程 MDE 的平台和工具有很多种,具有代表性的实现平台是 Eclipse Modeling Project、AndroMDA 以及 IBM Rational Software Architect。

1. Eclipse 建模项目

Eclipse 建模项目(Eclipse Modeling Project)(http://www.eclipse.org/modeling)是一个建模框架和代码生成工具为基于结构化的数据模型构建工具和应用程序。从基于 XMI 标准的模型描述来看,Eclipse 建模项目提供了工具和运行时以支持模型的 JAVA 类自动生成,并生成一组适配器类使得模型具有可视化和命令行编辑的功能。Eclipse 建模项目支持很多商业工具的运行,如 Activiti Eclipse BPMN 2.0 Designer、AmaterasUML、ePNK、ATL、QVT 等,同时也支持用户在此环境中开发自己的插件。Eclipse 建模项目的技术包括 EMF、Server and Storage、用户接口(user interface)、图形建模框架(graphical modeling framework,GMF)、Modeling 建模工具(modeling tools)、Transformation、Textual Modeling。其中 EMF 作为定义、编辑和处理元模型的工具是模型驱动开发中必不可少的工具,而 Transformation 代表 Eclipse 建模项目环境,支持模型驱动开发中模型到模型的转换(model-to-model，M2M)和模型到文本的转换(model-to-text，M2T)。Eclipse 支持模型驱动的开发被看作是模型驱动的集成开发环境，成为模型驱动开发和模型转换执行的一个重要支撑平台。该平台还支持开发者设计和开发特有的模型驱动开发工具，因此在模型驱动研究中大多都以该平台作为模型执行平台[6,10,25]。

2. IBM 软件体系结构建模环境

IBM 软件体系结构建模环境(IBM Rational Software Architect，IBM RSA)是 IBM 公司推出的从设计到开发的完整集成开发环境(http://www.ibm.com/software/products/en/ratisoftarch)。IBM RSA 基于 Eclipse 平台提供丰富的 UML2.0 建模功能，支持 EMF 模型、GMF 模型、数据建模和模型驱动开发等多种建模相关的活动。与 Eclipse 建模项目相比，IBM RSA 具有建模和开发的双重功能，可以将软件设计与开发统一起来提供对软件开发全流程的支持。系统架构师、系统分析员以及软件开发人员不再需要使用不同的工具和环境。IBM RSA 不但支持分层的模型驱动开发方法，而且提供一个转换基础框架供开发人员构建自己的转换和扩展内嵌的转换。IBM RSA 提供的模型转换框架功能强大且易于扩展，还包含一个基于规则的模型转换引擎用于定义模型转换规则，以实现各种模型之间的转换。

3. AndroMDA

AndroMDA(http://www.andromda.org/)是一个遵循 MDA 范例的代码生成框架。AndroMDA 从 CASE 工具中获得的一个 UML 模型，并生成一个完全可部署的应用程序和其他组件，可以直接生成 Struts＋Spring＋Hibernate 架构的系统。AndroMDA 是一个功能强大的开源 MDA 工具，是一个可扩展的 MDA 代码生成器框架。虽然 AndroMDA 没有 PIM 抽象层次不完全符合 MDA 规范，但与其他的 MDA 工具不同的是，AndroMDA 带有许多面向成熟开发工具的桥接器(cartridge)组合，包括 BPM4Struts、jBPM、JSF、EJB、EJB3、Hibernate、JavaMeta、Spring、WebService 和 XmlSchema 等。同时，它还提供一组工具让用户开发满足自己需求的桥接器或者改变已有的桥接器。

除了以上三个模型驱动集成开发环境外，还有如 Acceleo 和 Taylor 模型到文本的转换工具。其中，Acceleo(http://www.eclipse.org/acceleo/)是基于 EMF 作为 Eclipse 的一个插件实现 MOF 模型到 Java、C♯、PHP 等代码的转换。Taylor MDA(http://taylor.sourceforge.net/index.php/Overview)是一个基于 Eclipse 的 UML 建模工具,通过模型生成 EJB3 企业应用程序。

2.5　本章小结

本章根据研究的主要工作,分析完成这些研究工作所需的相关技术。这些相关技术包括模型驱动开发过程、为验证模型正确性和一致性的形式化方法、完成模型转换的语言,以及为实现模型驱动开发的平台和工具。这些基础技术将为后续工作提供支撑。

第 3 章

CIM 模型及模型形式化

目前在 CIM 抽象层次上主要采用业务过程模型和标记(business process model and notation,BPMN)模型实现业务系统的一次性完整建模,而这种方式建立的业务模型往往详细而复杂,导致系统用户、业务分析人员和软件开发人员不能通过此模型进行很好地沟通,最终实现的业务系统不能很好地满足用户需求。因此,本章提出一个集成目标模型、场景模型和过程模型的逐步细化的多层次 CIM 建模方法,该模型是利用 UML 类模型展示以目标需求语言(goal-oriented requirement language,GRL)模型代表的业务目标模型、以用例图(use case map,UCM)模型代表的业务场景模型以及以 BPMN 模型代表的业务过程模型的元模型设计;然后利用范畴论理论形式化定义 GRL 目标模型系统,并通过扩展条件事件 Petri 网形式化定义 UCM 场景模型和 BPMN 业务过程模型;同时设计该建模方法在 Eclipse 平台上的模型转换规则和形式化执行过程;最后设计多层次逐步细化的建模工具,并应用 Travel Agency 实例演示在 CIM 抽象层次上 GSP 建模的步骤。

3.1 GSP 多层次框架和过程

对于多数业务系统来说,在业务建模阶段用户的参与有助于最终的业务模型更加符合用户的要求。因此,多层次的逐步细化模型有利于帮助用户理解业务需求模型。因此,本章利用目标模型(goal model)、场景模型(scenario model)和过程模型(process model)设计逐步细化、逐步求精的多层次建模方法 GSP。

3.1.1　建模思路

本书的焦点在于强调不同角色用户参与业务建模的重要性,如普通用户、业务分析员、软件开发人员、领域专家等用户从不同角度、不同视图以及各自拥有的专业知识来理解业务系统,因此有必要建立一个正确的、一致的使得不同参与者易理解的 CIM 模型。面向目标的需求分析方法聚焦于待定的需求分析,由 Osis 团队[16]开发并用于获取业务和系统的目标、实现目标的可选择方案制定以及确定目标贡献值的大小。因此,用目标模型定义系统初始问题是非常有用的,且使得所有用户都能理解。

场景模型则从参与者角度出发,关注实现某个业务功能的行为过程从而定义系统的行为模型[148]。在通常情况下,场景定义和假设需要在场景开发者、建模者和参与者之间模拟大量的交互和协作,有效的场景定义来自研究者与参与者之间的大量讨论。而 UCM 作为一个标准的可视化场景模型,为指定系统操作场景和功能需求提供了一个附加的场景分析描述。在需求工程研究领域,目标建模和场景建模存在互补的优势,例如,在 2003 年,由国际电信组织(International Telecommunication Union,ITU)出版的用户需求说明(user requirements notation,URN)建模方法就结合目标模型和场景模型这两种互补型说明。URN 方法的提出有利于处理分布式系统或其他复杂系统中更为复杂的业务需求[149]。而且,jUCMNav 建模工具提供目标建模和场景建模关于概念和实例方面的可追踪性连接并支持 GRL 和 UCM 的所有标识。

虽然经过目标建模和场景建模后业务系统的需求比较清晰和完整,但对于业务分析员和业务开发员来说,场景模型不能完整地描述系统业务流的细节。众所周知,工作流是对工作流程及其各操作步骤之间业务规则的抽象、概括描述[150],在当前复杂协作业务过程中占有重要的作用。因此,为了清晰地刻画业务工作流的过程,进一步区分内部业务流程和交互式协作流程,本书将 BPMN 模型引入 CIM 抽象层次建模。

业务过程模型能够描述业务系统的服务过程,在大多数研究中被用于描述计算无关模型(computation independent model,CIM)层次模型[5],其中业务过程建模标记 BPMN2.0 是被 BPM 工业接受的一个标准而被广泛地使用,支持从创建流程轮廓的业务分析到这些流程的最终实现,直到最终用户的管理监控。同时 BPMN2.0 提供清晰而精准的执行语义来描述元素的操作,还支持直接映射至 WS-BPEL,实现模型的自动执行[151-153]。BPMN 语言允许业务分析员和开发者以图标记的方式描述业务系统的过程信息。但其标记描述并不包括 BPMN 模型的语义,使得 BPMN 模型的正确性和无二义性难以验证。为了验证 BPMN 模型,进而 Corradini 等[154,155]和 UL Muram 等[156]对 BPMN 模型的语义进行分析,验证模型的正确性。而 F. Corradini 等[157]、Kang 等[158]和 Felli 等[159]分别从协作业务流程模型、具有同步的以工件为中心的业务流程模型和决策感知流程模型方面进行可靠性验证,除此之外,还涉及 BPMN 模型的属性验证[160]、安全验证[161]和有效性验证[162]。因此,在 CIM 抽象层次上,集成目标模型、场景模型和过程模型的多层次建模能被不同角色的用户所理解,加强了各用户之间的理解和沟通;同时这样一个逐步细化的多层次建模过程使得业务需求越来越清晰、完整,从而使得所开发的软件系统更加符合终端用户的需求。

3.1.2　GSP 模型框架

图 3.1 显示 GSP 建模方法的框架,该框架中 CIM 抽象层次的建模借鉴业务目标模型、业务场景模型和业务过程模型的特点,采用逐步细化的方式实现 CIM 建模。首先,利用业务目标模型对待定的业务需求进行分析,建立业务系统的初始目标模型;然后,利用业务场景模型分析每个初始业务目标的场景缘由,建立场景交互状态。目标模型和场景模型是相辅相成的,场景交互细节的确定有助于进一步识别系统的业务目标和附加场景从而确定系统的需求;而业务场景模型中每一个构件涉及多个关键动作,这些关键动作的执行顺序及关键动作之间的交互协作细节就需要应用过程建模来确定,因此业务过程模型是场景模型的进一步细化。

如图 3.1 所示,业务系统目标模型中 Actor1 的初始业务目标 Goal2 与 Actor2 的初始目标存在一定的关系,目标的具体实现场景采用场景模型建模形成不同组件相互交织的场景模型场景 2。一旦场景 2 确定后,就使用过程模型描述和分析该场景中每个组件的业务执行顺序和交互协作过程。因此,GSP 建模框架使用 3 个常用已知的模型和标记,即使用 GRL 语言[163]描述和代表目标模型,用例图 UCM 语言描述和代表业务场景模型[161-164],以及

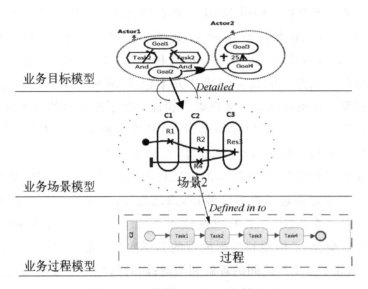

图 3.1　CIM 抽象层次上 GSP 建模框架

BPMN 语言描述和代表业务过程模型[165]。

　　为了支持业务过程建模,Zachman 框架[29]提出 6W 问题,即 who,what,when,where,why 和 how 问题。GSP 建模框架回答 Zachman 框架的 6W 问题,其答案如表 3.1 所列。从图 3.1 和表 3.1 的内容可以看出,GRL 作为最顶层次的、最早的模型并不需要指定业务细节,在这一层次上业务分析员单纯的仅仅需要关注"why"问题,即为什么选择某些特定的业务行为和结构以及哪些约束需要制定。而 UCM 模型描述特定的参与者参与的活动以及参与的缘由,BPMN 模型则描绘一个完整的业务过程。

表 3.1　CIM 抽象层次上的内容

模　型	模型视图	模型贡献	建模元素	利益相关者
目标模型（GRL）	一个系统或业务过程应该实现的目标和活动,为什么（why）实施这个活动?	聚焦于描述业务目标、非功能需求（软目标）和可选择方案。	任务（what）,参与者（who 和 where）,目标和其他内在元素（why）。	业务参与者（用户、管理员、业务执行者）和业务分析员

模　型	模型视图	模型贡献	建模元素	利益相关者
场景模型 (UCM)	这个活动的正确交互场景是什么(what),谁(who)参与本次活动,以及在何时/何地(where/when)实施该活动?	代表功能需求和 GRL 模型中因果场景的高层次设计。GRL 模型中的可选择方案可以通过 UCM 中组件的责任点分配来描述。	责任点(what),组件(who 和 where),因果场景(when)。	场景开发者、业务分析员和业务参与者
过程模型 (BPMN)	这些活动如何(how)才能被所有的业务用户更容易地理解?	代表一系列逻辑相关的任务去实现给定业务目标的结果。	任务(what),池或泳道(who 和 where),内部业务过程(when),协作业务过程(how)。	业务分析员

　　业务参与者在实际的业务系统中会经常改变他们的需求,以期望业务系统以他们希望的方式进行交互,这就导致业务需求经常根据业务参与者的要求发生改变。由此可知,业务参与者的目标有时仅仅代表业务系统最初始的需求。GRL 模型的贡献在于可以评估业务参与者的这些变更性目标对其他系统目标的冲击和影响。因此,GRL 层次上的建模可以帮助优化系统需求和场景。而场景的收集像是演绎一个高层次目标所需的动作,更进一步说,场景可以增强对系统的理解,反过来也使得业务目标更容易标识。GRL 模型和UCM 模型可以标识一个业务系统最初始的需求和清晰划分每个参者的责任。因此,目标模型和场景模型的建模是一个不断迭代分析的过程,使业务系统的需求变得越来越清晰和完整。一旦业务需求和结构趋于稳定后,就可以采用 BPMN 模型分析实现一个业务目标的业务过程,并明确各业务参与者之间和业务协作者之间的业务交互细节。因此,最终的业务过程模型就是一个业务需求稳定和完整状态下的 CIM 模型。

　　然而,一个完整的系统需求应该包括功能和非功能两方面需求。在非功能需求(non-functional requirement,NFR)建模方面,Aburub 等[166]提出一种NFR 建模方法,即使用目标模型建立 NFR 需求并将 NFR 视图与功能需求视图链接。而在 CIM 模型的安全性方面,许多研究[167-170]都聚焦于业务需求分析在早期阶段的安全性需求,如 Mouratidis 小组提出的基于拓扑方法学的完整安全业务建模方法[171-172],该方法基于安全约束的概念在系统开发的早期阶段实施安全需求分析。这些 NFR 方面的研究为本书在 NFR 建模方面提供很好的指导和借鉴。因此,本书不仅聚焦于功能方面描述业务建模过程,而且在系统的 NFR 方面借鉴 Mouratidis 小组提出的 Tropos 方法完成安全功能因子的分析,并采用 Aburub 等[166]提出的非功能需求建模过程解决 NFR 问题。例如,在业务目标层采用约束条件限制业务系统目标。

3.1.3　GSP 建模过程

根据 GSP 建模框架的描述,应用该方法建模是一个从顶层业务目标模型映射至底层业务过程模型的逐步细化过程。其详细建模过程如图 3.2 所示,图中黑线框内的部分涉及 GRL 模型和 UCM 模型两个层次,完善后的 UCM 模型经过"UCM 反馈活动"可以进一步识别业务目标和任务,进而完善和修正 GRL 模型,使得业务系统的需求变得越来越明确和清晰。这一活动过程是一个不断迭代的过程,其目的是经过 GRL 至 UCM 模型映射,UCM 至 GRL 模型映射的多次迭代后,业务系统的需求就会变得稳定和完善。最后利用 BPMN 模型实现完整的 CIM 建模。值得注意的是"UCM 模型验证"判断框的结果为"真"时有 2 个出口:一个出口表示该正确的 UCM 模型可以被反馈至顶层的 GRL 模型;另一个出口表示该正确的 UCM 模型可以转换为下一层的 BPMN 模型。因此,在 GSP 建模过程中涉及的操作主要分为程序自动执行部分和业务分析师手动完善部分,其中所有的模型转换利用本书开发的模型转换插件自动执行,UCM 和 BPMN 模型的形式化和模型验证则利用本书开发的形式化插件和形式化模型自动执行。而 GRL 建模、UCM 模型细化和完善、UCM 模型反馈、BPMN 模型细化和完善根据本书设计的相关活动由业务分析师手动调整。

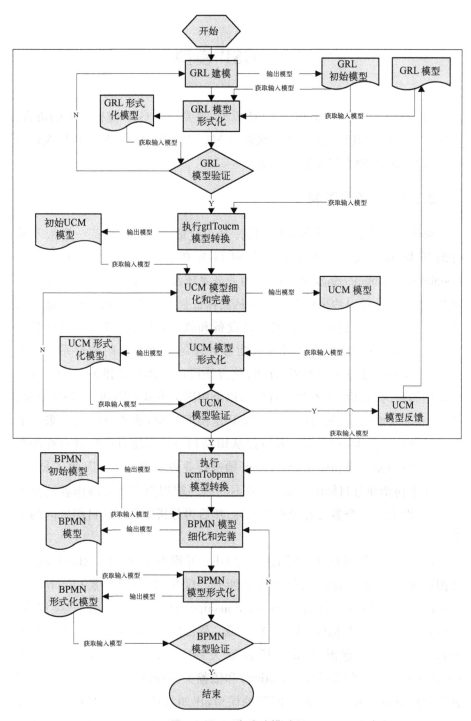

图 3.2　GSP 方法建模过程

3.2　GSP 模型

为了建立一个正确、有效的 CIM 模型,需要指定 GSP 建模框架的语言。根据 MOF 定义的层次结构,本节聚焦于 M2 层定义 GSP 框架中各层次模型的元模型结构并使之完成业务建模。

3.2.1　业务目标模型

对于一个业务系统来说,业务目标是否合适、完整、清晰或一致对于软件的质量有着重要的影响。面向目标的需求工程(Goal-Oriented Requirement Engineering,GORE)认为业务系统及其环境是一个活动组件的集合,活动组件可以约束他们的行为从而保证强制实施他们的任务,这些组件可能是人扮演的特定角色、或者是设备和软件,活动组件可以选择其行为[173]。所以 GORE 需求分析方法能够处理越来越复杂的软件系统。因此,目标模型的建立采用 GRL 方法,该方法可以标识利益相关者(参与者)和他们的目的(目标、任务和软目标),以及用图的方式识别功能需求(目标、任务)和非功能需求(软目标)。在 GSP 建模框架中,业务目标模型采集业务系统的初始需求,利益相关者可以从识别和分析系统目标和暂时性的粗粒度需求(功能方面和非功能方面)开始进行业务需求分析。因此,GRL 的重点在于初始业务目标的提取,即从不同的终端用户和业务协作者的角度出发,提取出每一个参与者的业务目标,然后再分析这些业务目标之间的关联关系。

图 3.3 显示利用 UML 类图建立的 GRL 元模型结构,而 GRL 模型的具体图形标记描述与特征则如表 3.2 所列。GRL 由意图元素(intentional elements)、意图关系(intentional relationships)和参与者(actor)三类组成。其中意图元素包括目标(goal)、任务(task)、软目标(softgoal)、想法(belief)和资源(resource);意图关系包括分解关系(decomposition)、贡献关系(contribution)、关联关系(correlation)和依赖关系(dependency)。这些意图元素和意图关系用于允许回答问题的模型,比如为什么特定的行为、信息和结构被选为描述系统需求以及什么选择方案需要考虑,使用何种标准审议备

选方案以及什么原因选择其中一个选择项等。因此，可以简单地认为 GRL
模型由 actor、actor 所需要完成的目标或任务集合以及链接元素组成。

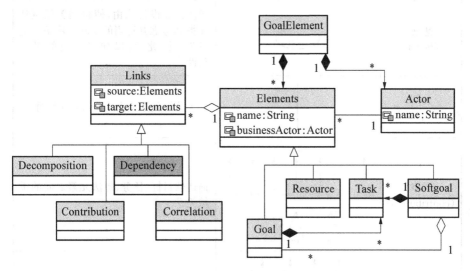

图 3.3　GRL 元模型

表 3.2　GRL 语言标记和特征

元素名称	图形标记	描　述
参与者 （actor）		一个参与者表示为实现目标而执行操作的活动实体
目标 （goal）		一个目标是利益相关者在事务中想要实现的一个条件或状态。目标包括业务目标和系统目标
任务 （task）		一个任务指做事的某种特定方式，任务可以看作是目标系统满足 NFR 的解决方案，这些方案提供了操作、过程、数据表示、结构制约等满足目标和软目标的要求
资源 （resource）		资源是一种（物理或信息）实体
软目标 （softgoal）		软目标与硬目标一样，表示利益相关者在事务中想要实现的一个条件或状态。但软目标往往没有明确的标准和条件的满足，往往带有很强的主观性

元素名称	图形标记	描　述
想法 (belief)		想法代表设计缘由,使得相关领域特征得到考虑并适当的反映到决策制定过程。因此,可以加强系统的可追踪性
分解 (decomposition)		一个分解关系主要用于链接子组件
贡献 (contribution)		描述软目标、任务、想法元素之间的贡献关系
关联 (correlations)		关联允许表达不同类别元素之间的交互知识
依赖 (dependency)		表示两个参与者之间的关系

3.2.2　业务场景模型

在 IPCC2008 上,自然科学定义的场景为:"A scenario is a coherent, internally consistent and plausible description of a possible future state of the world. It is not a forecast; rather, each scenario is one alternative image of how the future can unfold."。根据这个定义,场景代表未来系统在不同的假设下针对可选择条件的一种状态,聚焦于客户端支持用户直接参与交互,直接驱动的交互式过程。因此,基于场景的设计思想已经成为提高软件可用性的一种有效的方法[174]。

场景模型是一种客户化交互的模型,体现用户直接参与、直接交互的一个过程。在场景模型中涉及领域专家、业务分析员和参与者等用户。基于场景的模型构造和服务集成（scenario based model construction for service integration，SBMC）方法认为场景不仅仅可以诱导、表示需求和产生规格，还能驱动设计和系统演化，构造场景模型使客户能够通过需求求精和模式应用来逐步构造业务模型为服务的按需集成提供依据。因此，场景模型使得用户通过逐步细化和模型应用的方式构造业务模型，从而更好地集成用户的需求。

1. 模型标记与元模型结构

目前有很多建模软件支持场景建模，如 WebRatio[175]，Eclipse jUCMNav[176] 插件等。UCM 作为一种表示场景的图形表示语言往往应用于一些需求易变的软件系统中，由 Carleton 大学的 Buhr 教授带领的团队研发。UCM 在用例、需求和设计之间起到桥梁作用，一方面 UCM 以清楚的方式连接行为和结构，以便为高层次体系结构设计提供一个行为框架；另一方面 UCM 提供建模动态系统的场景和结构的功能，且其可视化工具使得利益相关者更容易熟悉和学习。因此，本书采用 UCM 模型代表业务系统的场景模型。UCM 模型图标记描述见表 3.3 所列，而元模型结构则如图 3.4 所示。UCM 模型元素包括路径工具（path tool）、路径元素（path element）、构件（components）和桩（stub）等。其中路径表示场景流，连接起始点（startpoint）、责任点和终点（endpoint）；构件是责任点的逻辑执行者，可以代表系统的不同实体，如组织、伙伴、参与者、软构件等；责任点表示系统的行为、任务和需要完成的功能；在一个组件内可以有多个责任点，表明该责任被分配至某个构件，需要被该构件执行；而桩表示暂时不能确定的行为，在设计时可以设计一个插件（plug，子 UCM 图）来具体化存根；路径还包括 and-fork、and-join、or-fork 和 or-join 等 4 种决策元素。UCM 既是一个体系结构视图明确构件之间的责任分配和协作关系，又是面向工作流的，其每一条路径都定义一个业务过程。

2. 抽象语法

根据图 3.4 的 UCM 元模型定义，可以形式化的定义一个基本 UCM 模型的结构。

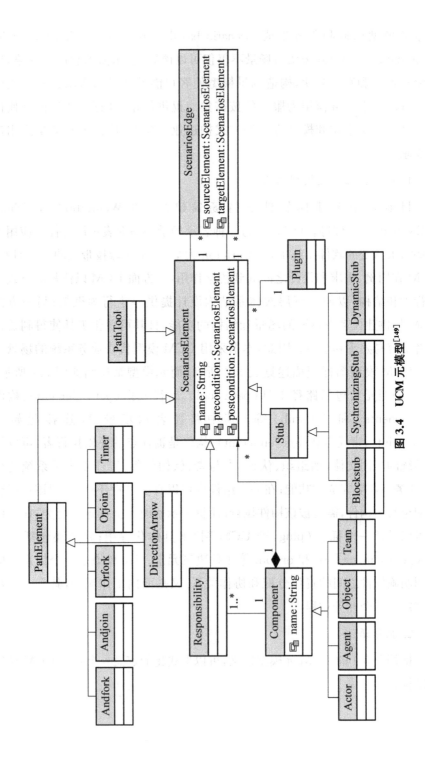

图 3.4　UCM 元模型[149]

表 3.3　UCM 模型的图标记

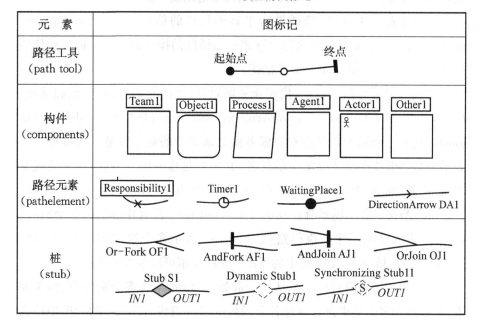

元　素	图标记
路径工具 (path tool)	起始点　　　　　终点
构件 (components)	Team1　Object1　Process1　Agent1　Actor1　Other1
路径元素 (pathelement)	Responsibility1　　Timer1　　WaitingPlace1　　DirectionArrow DA1
桩 (stub)	Or-Fork OF1　AndFork AF1　AndJoin AJ1　OrJoin OJ1 Stub S1　Dynamic Stub1　Synchronizing Stub11 IN1　OUT1　IN1　OUT1　IN1　OUT1

定义 3.1　一个基本的场景模型是一个 7 元组 UCM＝(name,PT,SE, Co,St,PI,Pa)表示,其中,

(1) name 是场景的名称,该名称对应服务概念框架中的业务过程名。

(2) PT 表示为场景模型的 PathTool 元素,PT＝(StartPoint, EmptyPoint,EndPoint),其中 StartPoint 表示场景的开始,EmptyPoint 表示场景中的一个空结点,EndPoint 表示场景的结束。

(3) SE 表示场景模型中 ScenariosEdge 元素的集合,SE＝{se1,se2,se3, se4,…}。

(4) Co 表示为场景模型的组件,Co＝(con,cot),其中,

con 表示组件的名称,对应服务概念框架中的参与者。

cot 表示组件的类型,cot::＝Actor | Team | Process | Object | Agent | Other,

$\forall j,k{:}Co\exists cot(j)==cot(k)\Rightarrow con(j)\neq con(k)$表示对于组件类型相同的两个组件其组件名称是唯一的。

(5) St 表示为桩,与服务概念框架中的业务服务相对应。St＝(sn,sr, sd,si),其中 sn 表示为桩的名称,sr 定义桩的需求目标,sd 表示桩的一般性描

述,si 表示桩的内部构成,其结构与场景模型的结构一致。

(6) PI 表示为插件,该插件用来具体化桩的信息,PI =(pin,pig,pir, pid)。其中 pin 表示插件的名称,pig 表示为插件的操作目标,pir 描述插件的内部实现,pid 表示插件的一般性描述。

(7) Pa 表示为路径元素,代表业务场景流,连接起始点、责任点和终点。因此,Pa =(r,Timer,DirectionArrows,And-fork,Or-fork,And-Join,Or-join)。其中 r 表示为责任点对应服务概念框架中的业务任务。责任点往往表示为某个组件在服务框架中的任务,其名称是唯一的。因此,为了完成某个业务服务需要多个责任点的共同作用。Timer 表示计时器,DirectionArrow 表示场景流流动的方向,And-fork 表示并行执行多个路径,Or-fork 表示可选择性的执行路径,And-join 表示多个路径的与连接。Or-join 表示或连接,指多个路径中的任意一条路径都可以触发后续路径。

一个业务场景模型往往是从一个起始点开始,连接多个责任点、网关元素、桩结点和多个结束点且穿过各个组件的路径组成。图 3.4 的元模型结构定义一个 UCM 基于因果场景(scenarios edge)技术创建业务操作场景(scenarios element)的图形模型。因此,在场景模型这一层次,一个 UCM 可以指定一系列 GRL 任务(例如,探索这些任务完成的顺序),同时也可以将一个场景连接至 GRL 中的目标。与此同时,GRL 模型中被细化的各种不同任务可以连接到 UCM 模型中的许多方面,如任务连接 UCM、任务连接 UCM 元素以及任务连接至场景定义等。因此,这种可追踪关系在系统演化过程中对 GRL 模型和 UCM 模型之间的模型一致性起到重要的作用。

此外,当复杂系统的业务需求不清楚或者利益相关者难以用抽象的方式表达需求时,UCM 可以建立一个现实业务场景去发现不明确或不清晰的需求。即使相关构件的行为是未知的,UCM 场景仍可以将这些构件的未知行为设计为一个插件以保持场景的完整性。因此,GRL 模型和 UCM 模型是迭代变化的,一旦通过 UCM 建模,构件结构和行为变得更稳定后就可以将 UCM 模型映射为 BPMN 模型。例如,UCM 模型中的每一个责任点元素可以生成为 BPMN 模型中的一个业务任务。因此,UCM 模型不但是一个清楚划分责任点分配和协作关系的结构视图,而且也是一个将每一业务过程定义为路径的工作流。

3.2.3　业务过程模型

业务过程模型能够描述业务系统的活动过程,在大多数研究中都被用于描述 CIM 层次模型。而业务过程相关的建模语言在 MDA 不同抽象层次中提出,如以 BPMN 代表 CIM 层次模型,以 BPDM[177] 代表的 PIM 层次模型和以 WS-BPML 为代表的 PSM 层次模型。其中业务过程建模标记 BPMN2.0 是被 BPM 工业接受的一个标准被广泛地使用,支持从创建流程轮廓的业务分析到这些流程的最终实现,直到最终用户的管理监控。同时,BPMN 提供了清晰而精准的执行语义来描述元素的操作,该模型还支持直接映射至 WS-BPEL 实现模型的自动执行。

1. 模型标记和元模型结构

根据 BPMN 标准文档的描述,图 3.5 显示 BPMN 模型的部分元模型结构,表 3.4 提供 BPMN 基本元素的图标记描述。BPMN 元素由描述动态行为和静态组织结构的元素组成,动态行为元素主要包括 event,activity,gateway,sequence flows 和 message flows,而 Lane 和 Pool 表示业务系统的静态组织结构特征。一个 event 可能标识着过程开始(start event)和结束(end event),也可能出现在过程中间(intermediate event);一个 activity 可以是一个 task 或者是一个 subprocess。task 表示原子活动,代表需要执行的工作。一个子过程表示为其他活动过程的复合活动,它往往作为一个独立的子过程嵌入到整个协作过程中,因而一个嵌入式子过程是一个过程的一部分;同样,一个活动可能有一些附加的行为属性,如 Looping 和平行 Multiple instances。

值得注意的是网关(gateway)被定义为路由结构。其中,平行分支网关(and-fork)用于创建并行(sequence)流;并行联接网关(and-join)为同步并发流;而数据/外部事件(data/event-based)XOR 决策网关用于从一组 exclusive 替代流中选择一个,其选择是依据过程数据(data-based)或者外部事件(event-based)来决定;XOR merge 网关是指将一组 exclusive 替换流连接为一个流;而 inclusive OR 决策网关(or-fork)表示从所有的输出流中选择任意一个分支。对于流元素来说一个序列流在过程图中连接两个对象,并表示一个控制流关系;而一个信息流(message flow)用于捕获两个过程之间的交互。

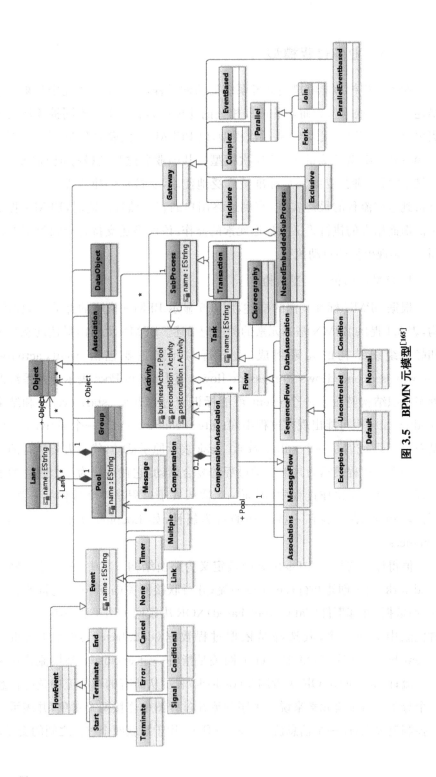

图 3.5　BPMN 元模型[165]

　　一个中间消息、定时器或者错误事件连接一个活动的边界意味着产生异常,这就是 BPMN 中的异常事件(exception event)。该活动的执行由异常事件的出现而触发,且当例外事件出现时正常序列流的执行过程将会被切换至异常流的执行。如果在正常序列流中抛出一个错误,那么就会有一个附加的活动去捕获这个错位。这种机制类似于大多数编程语言中的"throw-catch"机制。

　　一个消息流用带有小圆圈的虚线箭头表示,用于显示两个交互过程之间的消息传输。这种消息传输往往通过发送/接收任务或消息事件来实现。同时,一个消息流可以连接任务至任务,终点事件至任务,任务至开始事件以及终点事件至开始事件。BPMN 模型中两个过程各自由两个池(Pool)实施分离,代表着两个不同的参与者对象(业务实体或角色)。总之,BPMN 模型可通过流、事件、活动和结果来描述业务过程;通过网关来表示业务决策和分叉点;用泳道(lane)来组织和分类不同的活动;每个业务过程中的活动还可以细化为一个子过程,能够更为细致的标识和描述更多的业务服务。因此,一个业务过程包括:

　　(1) 有一个目标;

　　(2) 有指定的输入;

　　(3) 有指定的输出;

　　(4) 使用资源;

　　(5) 有按某种顺序进行的一组活动;

　　(6) 可能影响多个组织单元,造成横向组织影响;

　　(7) 为客户创造某种价值,客户可能是内部的也可能是外部的。

表 3.4　BPMN 模型的图标记

元　素	图标记						
事件 (event)	○ start **Start Event**	✉ start message	✉ message	🕐 timer	N error	✉ end message	○ end **End Event**
			Intermediate Event				
活动 (activity)	Task	⊞ **Sub-process Invocation Activity**	↻ **Activity Looping**	‖ **Multiple Instance**			

元　素	图标记
网关 （gateway）	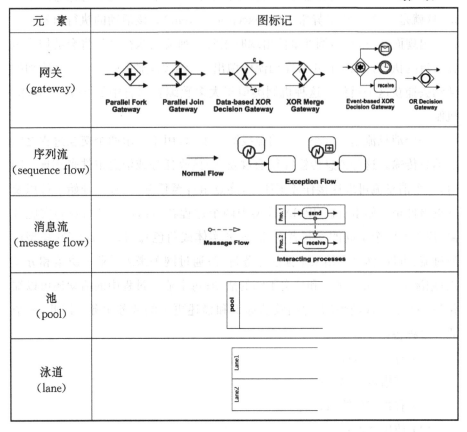
序列流 （sequence flow）	
消息流 （message flow）	
池 （pool）	
泳道 （lane）	

2. 抽象语法

结合以上的 BPMN 模型标记内容和元模型结构定义，业务过程模型主要由业务参与者、业务数据、业务服务、业务任务、业务事件和流组成。因此可以定义一个基本的业务过程模型。

定义 3.2　一个业务过程模型为一个 7 元组组成，即 BPMN＝(Pn, Sl, Pa, Pe, Gw, Data, Flow) 表示，其中，

(1) Pn 表示业务过程名的集合。

(2) Sl 表示泳道，表示业务的参与者，Sl＝(SlName, Type)，SlName 表示泳道的名称，Type 表示参与者的类型，Type：：＝pool | lane，Pool 表示一个协作中的参与者对象，而 Lane 表示业务过程中的一个子分区，通常被包含在一个池(Pool)里面。因此，pool＝{lane1, lane2, …}。

（3）Pa 表示过程活动,Pa::=task|subprocess。Task 表示原子活动,而 subprocess 是业务过程中的一个复合活动,该复合活动可以被分解为更为详细的子活动。子过程是一个复合活动,其结构与过程一致。

（4）Pe 表示过程事件,Pe::=Se|Ie|Ee,Se 表示开始事件,Ie 表示中间事件,Ee 表示结束事件。

（5）Gw 表示网关元素,Gw::=Fork|Join|Decision|Merge。

（6）Data 表示数据元素,数据对象提供活动需要执行或活动要产生的信息。Data::=Dataobject|Datainputobject|Dataoutputobject|Datastore|Message。

（7）Flow 表示流对象,Flow::=Sequenceflow|Messageflow。其中,Sequenceflow 表示为序列流,表示业务过程中的流元素执行顺序,每一个序列流(sequence flow)都只有唯一的源结点和目标结点。而 Messageflow 表示为消息流,表示两个参与者之间准备发送和接收的消息流,消息流用于业务协作中。

根据以上的元模型结构和抽象语法可以看出,BPMN 模型使用流程图技术创建业务操作的图模型结构。在这一层次上,UCM 模型中的因果场景路径,可以被扩展为业务过程模型中的内部交互业务流程和外部交互协作流程。其中,内部协作流程代表实现一个业务目标的活动顺序,而外部交互协作流程代表不同参与者之间的交互细节。UCM 模型中的各个责任点结点根据所属构件的分类,可以连接至 BPMN 模型中的任务,这些责任点结点的执行序列可以直接转换为 BPMN 模型中的活动顺序。UCM 模型中的构件结构也被 BPMN 模型中的池(pool)和泳道(lane)元素清晰的分类,其单个的内部业务过程以子过程的形式被集成为一个完整的业务协作过程。由此看来,BPMN 模型可以在业务过程设计和执行之间建立起一个"桥梁",使得软件分析师和 SOA 体系结构架构师能够根据终端用户的需求定义业务服务。

3.3　本章小结

本章首先定义多层次建模方法 GSP 的框架和建模过程,然后定义每一层模型的元模型结构和抽象语法,应用 GSP 多层次建模方法的逐步细化建模过程,可以建立满足不同角色用户理解的、正确的和一致的 CIM 模型。同时,GSP 形式化方法也为 CIM 模型自动转换为 PIM 模型提供重要的技术基础。

第 4 章

GSP 模型形式化

第 3 章分析了 GSP 多层次建模框架的建模语言、元模型结构,然而为了保证多层次建模框架中各层次模型的正确性和一致性,有必要对 GSP 建模框架中的模型进行形式化,以便建立一个正确、一致的 CIM 抽象层次模型。

4.1　业务目标模型的形式化

目标模型所具有的约束关系可以处理业务目标之间的相互关系。如 Popova 等[178]提出一个面向目标方法的完整形式化框架,该形式化框架利用谓词语言(predicate language)形式化目标模型中的 hard 目标、soft 目标、目标之间的关系、目标约束、目标分解以及目标细化等。该形式化框架能够基于性能指标定义相关机制去建立业务系统中满意的目标。Giachetti 等[179]应用模型驱动方法设计特定的对象约束语言(object constraint language, OCL)规则,对目标需求模型进行验证。Mendonça 等[180]基于上下文形式化方法,提出面向目标的依赖分析框架,以帮助专家在不同的上下文中评估设计与运行时的可靠性。Diamantini 等[181]设计了基于本体的目标建模方法。这些形式化方法能有效的形式化目标模型的元素,验证目标模型的正确性。但对目标结点之间的关系刻画还略显不足。鉴于谓词语言理解的复杂性,以图范畴形式化的目标模型更容易被业务分析员理解。因此,GRL 模型的形式化本书提出采用范畴论[182]来定义其目标模型的结构。

定义 4.1　一个系统的业务目标图可以定义为如下的一个函数

$$F:E \to V \times V$$

其中，E 是边的集合；V 是结点集合；令 $e \in E$，则 $F(e)$ 的值是一个序对 (n_0, n_1)，n_0 表示为 e 的源结点，n_1 表示为 e 的目标结点。即 $\mathrm{dom}(e)=n_0$，$\mathrm{cod}(e)=n_1$。令 $C=(C_A, C_N)$ 表示为集合的序对，C_A 表示为射字符集合（arrow 集合），而 C_N 表示为结点字符的集合（object 集合），则一个业务目标图可以定义为一个系统，即

$$G=(A, G_A, G_N, s, t, m_A, m_N)$$

其中，

（1）A 表示 Actor，即目标系统中的参与者对象，对应业务系统中的业务参与者。

（2）G_A 表示射的集合，$\forall a_i, \exists a_0 \in G_A$，则 $a_0 ::= a_{dc} \mid a_c \mid a_{dp}$。其中 a_{dc} 代表射的类型为"Decomposition"，表示将业务目标结点分解为若干个业务任务结点；a_c 代表射的类型为"Contribution"，表示某个任务结点贡献于其他任务结点或者目标结点；a_{dp} 代表射的类型为"Dependency"，表示某个任务结点与其他任务结点或目标结点存在依赖关系。

（3）G_N 表示结点的集合，对应业务系统中的业务服务或业务活动。$\forall n_i, \exists n_0 \in G_N$，则，$n_0=(n_{\mathrm{name}}, n_{\mathrm{type}})$，其中 n_{name} 表示结点的名称，n_{type} 表示结点的类型，$n_{\mathrm{type}} ::= n_g \mid n_t \mid n_{sg} \mid n_r$。$n_g$ 表示结点类型为"goal"，表示业务系统中的功能性目标对应业务服务概念；n_t 表示结点类型为"task"，对应业务任务概念；n_{sg} 表示结点类型为软目标，描述业务系统中非功能性方面的需求；n_r 表示结点类型为"resource"，表示业务系统中实现业务目标所需的相关资源。这些结点往往属于某个参与者组件，因此，每个参与者对应一个结点集合。即 $A_i \Rightarrow G_n$。

（4）$s:G_A \to G_N$ 表示源映射。

（5）$t:G_N \to G_N$ 表示目标映射。

（6）$m_A:G_A \to C_A$ 表示射字符集的映射。

（7）$m_N:G_N \to C_N$ 表示结点字符集的映射。

因此，目标模型系统可以表示为：

$$G:C_A \xrightarrow{m_A} G_A \underset{t}{\overset{s}{\rightrightarrows}} G_N \xrightarrow{m_N} C_A$$

说明如下：

(1) 若 $G_N = \varnothing$，则 $G = <\varnothing, \varnothing, \varnothing, \varnothing, \varnothing, \varnothing, \varnothing>$，此时称 G 为空的目标模型系统。

(2) 若 $G_A = \varnothing$，则 $G = <A, \varnothing, G_N, \varnothing, \varnothing, \varnothing, \varnothing>$，此时称 G 为空的离散目标模型系统。

(3) 若 G_N 和 G_A 均为有穷集合，则称 G 为有穷目标模型系统。

(4) 若任意 $n_g, n_t \in G_A$ 时，且 $[n_g, n_t]$ 均为有穷集合，则称 G 为局部目标模型系统。

(5) 若任意 $n_g, n_t \in G_A$ 时，$\sharp[n_g, n_t] \leqslant 1$ 均为有穷集合，且 $\forall f \in G_A$，$\exists s(f) \neq t(f)$，则称 G 为简单目标模型系统。

根据以上说明可知：

(1) 离散目标模型系统为简单目标模型系统。

(2) 简单目标模型系统为局部目标模型系统。

(3) 每一个射（箭头）都有唯一的源结点和唯一的目标结点。

根据以上定义和说明，则有

定理 4.1 设 G 为目标模型系统，且 $ng1, ng2, ng3 \in G_N$，若存在射 $f: ng1 \rightarrow ng2$，且射 $g: ng2 \rightarrow ng3$，则射 $g \circ f: ng1 \rightarrow ng3$。

证明：若存在射 $f: ng1 \rightarrow ng2$ 且射 $g: ng2 \rightarrow ng3$，则

$$s(f) = ng1, t(f) = s(g) = ng2 \text{ 且 } t(g) = ng3,$$

且有

$$s(g \circ f) = s(f) = ng1 \text{ 且 } t(g \circ f) = t(g) = ng3,$$

所以，有射 $g \circ f: ng1 \rightarrow ng3$。

定义 4.2 对于任意目标模型系统 G，存在射 $f: ng1 \rightarrow ng2$，假如 G 中同时也存在射 $g: ng2 \rightarrow ng1$，则

(1) $s(f) = t(f) = ng1$ 且 $s(g) = t(g) = ng2$。

(2) $g \circ f = 1_{ng1}$ 且 $f \circ g = 1_{ng2}$。

我们可以写作 $g = f^{-1}$。同时称 $ng1$ 同构于 $ng2$，记为 $ng1 \cong ng2$。

定义 4.3 对于任意目标模型系统 $G = <A, G_A, G_N, s, t, M_A, M_N>$ 和 $G' = <A', G_A', G_N', s', t', M_A', M_N'>$ 满足以下条件：

(1) $f \circ g = 1_{ng2} A' \subseteq A, G_A' \subseteq G_A$ 且 $G_N' \subseteq G_N$。

(2) 若 $\forall ng_i \in G_N'$，则 G 和 G' 关于 ng_i 的态射相同。

(3) $s'\subseteq s$,$t'\subseteq t$。

则称 G' 为 G 的子目标模型系统,记为 $G'\subseteq G$。

若 $G'\subseteq G$ 且 $G'\neq G$,则称 G' 为 G 的真子目标模型系统,记为 $G'\subset G$。

若 $G'\subseteq G$ 且 $G_N'=G_N$,则称 G' 为 G 的宽子目标模型系统。

若 $G'\subseteq G$,且当 $ng1$,$ng2\in G_N'$ 时皆有 $f':ng1\rightarrow ng2$,$f:ng1\rightarrow ng2\Rightarrow$ $f'=f$,则称 G' 为 G 的完全子目标模型系统。

定义 4.4　对于任意目标模型系统 $G=<A,G_A,G_N,s,t,M_A,M_N>$,有 $ng1\in G_N$,

(1) 若每一个 $G_{Ai}\in G_A$,$\exists t(G_{Ai})\neq ng1$,则称 $ng1$ 为目标模型系统 G 的初始对象。

(2) 若每一个 $G_{Ai}\in G_A$,$\exists s(G_{Ai})\neq ng1$,则称 $ng1$ 为目标模型系统 G 的终止对象。

(3) 若 $ng1$ 既是初始对象,又是终止对象,则称 $ng1$ 为零对象。

定义 4.5　对于任意目标模型系统 $G=<A,G_A,G_N,s,t,M_A,M_N>$, $\forall a_i$,$\exists a_0\in G_A$,且 $a_0\subset adp$,若 $s(a_0)=ng1$,$t(a_0)=ng2$,定义结点 $ng1$ 和 $ng2$ 之间需要添加一条射 $a_1:ng2\rightarrow ng1$,表明结点 $ng1$ 和 $ng2$ 之间存在双射性质,表示为目标模型系统中结点任务的返回。

如图 4.1 所示,结点 A 与结点 B 之间存在依赖关系 adp1,因此结点 B 执行的结果一定要返回给结点 A;同时结点 C 与结点 B 之间存在依赖关系 adp2,那么结点 C 的执行结果一定要返回给结点 B;根据定理 4.1,表明结点 A 与结点 C 之间也存在依赖,因此存在射 adp1∘adp2,其结点 C 的执行结果最终要返回结点 A。

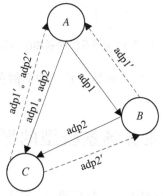

图 4.1　目标模型系统双射实例

定义 4.6 对于任意目标模型系统 $G=<A,G_A,G_N,s,t,M_A,M_N>$，有 $a_1,a_2,a_3,\cdots,a_n\in G_A$，满足以下条件：

（1）应用定义 4.4，$s(a_1)$ 为目标模型系统 G 的初始对象。

（2）应用定义 4.4，$t(a_n)$ 为目标模型系统 G 的终止对象。

（3）存在射集合 $a_1:s(a_1)\to t(a_1)$，$a_2:t(a_1)\to t(a_2)$，$a_3:t(a_2)\to t(a_3)$，$\cdots,a_n:t(a_{n-1})\to t(a_n)$。

则存在一个目标紧邻序列 Neighbor$-S=\{s(a_1)\to s(a_2)\to s(a_3)\to\cdots\to s(a_n)\}$，代表目标模型系统中为了实现一个任务的动作序列。同时存在一个紧邻序列集合 $\sum$ Neighbor$-S=\{s(a_1),s(a_2),s(a_3),\cdots,s(a_n)\}$，表示该紧邻序列中所有节点的集合。

该定义如图 4.2 所示，根据定义 4.4 可以得出结点 N_1 为初始对象，结点 N_6 为终止对象。应用定义 4.6，存在射集合 G_{A1} 为 $h_1:s(h_1)\to t(h_1)$，$h_2:t(h_1)\to t(h_2)$，$h_4:t(h_2)\to t(h_4)$，$h_6:t(h_4)\to t(h_6)$。射集合 G_{A2} 为 $h_3:s(h_1)\to t(h_3)$，$h_5:s(h_3)\to t(h_5)$。因此，本模型存在两条紧邻序列 Neighbor$-S_1=\{N_1\to N_3\to N_4\to N_5\to N_6\}$ 和 Neighbor$-S_2=\{N_1\to N_2\to N_6\}$。

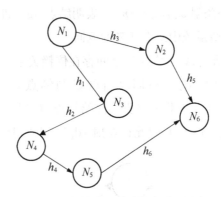

图 4.2　目标模型系统的紧邻序列实例

其目标模型的形式语义分析将结合具体的案例在 4.5.2 节分析。

4.2　业务场景模型的形式化

Petri 网作为一个流类型的形式化模型，比较适合描述系统的行为特征。

同时 Petri 网在目前的研究领域中已经被广泛地应用于工作流的形式化,且建模工具支持模型的自动分析和设计,Petri 网具有可达性、死锁检测和边界分析等优点[91,183]。因此,用 Petri 网来定义场景流的变化行为是很好的选择。由于典型的 Petri 网模型在描述静态组织结构特征上的不足,由此本书扩展基本的条件事件网(condition-event net,CEN),使其形式化场景模型的构件特征和场景流的动态行为特征。

4.2.1　扩展的 Petri 网模型

CEN 作为基本的 Petri 网类型,由条件(状态)、事件(变迁)、从条件到事件和从事件到条件的连接(箭头)构成[184]。句法上条件表示为环,事件表示为矩形。事件可以有一组前提条件和后置条件,使用标符来标记条件。与其他 Petri 网相比,CEN 具有简单,容易理解的优点,其语法为:

定义 4.7　一个基本的条件事件网被定义为由一个 5 元组组成。

$$CEN = <Cond, Event, PreCond, PostCond, Marking>$$

其中,

Cond $= \{cond_1, cond_2, cond_3, \cdots, cond_n\}$,表示一组条件的集合。

Event $= \{event_1, event_2, event_3, \cdots event_n\}$,表示一组事件的集合。

PreCond $=$ Event $\underset{m}{\longrightarrow}$ Cond,表示前置条件是从事件到条件组的映射。

PostCond $=$ Cond $\underset{m}{\longrightarrow}$ Event,表示后置条件是从条件到事件组的映射。

Marking $=$ Cond $\underset{m}{\longrightarrow}$ Mark,表示标记是从标注(Mark)到条件的赋值。

Mark $==$ empty | token,表明标记为空或者为标符。

在定义过程中往往将 CEN 网设定为良构的,因此良构的条件事件网

$$WF-CEN(c, e, prec, postc, mark) \equiv$$

(1) dom prec $=$ e $\wedge$

(2) dom postc $=$ e $\wedge$

(3) c $= \bigcup\{rng\ prec \bigcup rng\ postc\} \wedge$

(4) $\forall es: Event \cdot es \in e \Rightarrow prec(es) \bigcup postc(es) \neq \{\} \wedge$

(5) dom mark $=$ c.

其中,(1)和(2)表示条件的集合,与前置和后置条件映射的定义集相同;(3)表示每一个条件都是前置条件或后置条件;(4)表示每一个事件至少有一个前置或后置条件;(5)表示标记(mark)包括所有条件。

由于基本的条件事件网重点刻画条件至事件的变迁和事件至条件的变迁,采用基本条件事件网形式化场景模型会导致场景模型中的构件元素,即组织结构视图方面特点的遗漏,从而使得形式化场景模型不完整。鉴于 CIM 抽象层次上主要描述业务系统的功能需求和环境并不涉及相关实现细节,因此本书扩展 CEN 模型去形式化场景模型和业务过程模型。所以,本书在以上的基本条件事件网的基础上扩展条件和事件等元素,扩展的条件事件定义如下:

定义 4.8 一个扩展的条件事件网 EPN(extended Petri nets)被定义为一个 10 元组组成。

$$EPN=<IP,OP,ST,BT,IA,OA,M_0,SN,OI,GI>$$

其中,

IP$=\{ip_1,ip_2,ip_3,\cdots,ip_n\}$,表示有限个内部条件的集合。

OP$=\{op_1,op_2,op_3,\cdots,op_n\}$,表示有限个外部条件的集合。

ST$=\{st_1,st_2,st_3,\cdots,st_n\}$,表示有限个静态事件的集合。

BT$=\{bt_1,bt_2,bt_3,\cdots,bt_n\}$,表示有限个动态事件的集合。

IA$\subseteq$(IP$\times$ST)$\bigcup$(IP$\times$BT)$\bigcup$(OP$\times$ST)$\bigcup$(OP$\times$BT),表示一组输入弧。

OA$\subseteq$(ST$\times$IP)$\bigcup$(ST$\times$OP)$\bigcup$(BT$\times$IP)$\bigcup$(BT$\times$OP),表示一组输出弧。

M_0 表示初始标识。

SN$=<$IP,OP,ST,BT,IA,OA,M_0,SN,OI,GI$>_{sub}$,表示子网。

OI 表示参与 Petri 网模型的外部参与者集合,其中任一外部参与者包括一系列条件、内部参与者的集合。

GI 表示参与 Petri 网模型的内部参与者集合,其中任一内部参与者包括一系列内部条件执行的顺序。

定义 4.9 对于任意 Petri 网模型 EPN$=<$IP,OP,ST,BT,IA,OA,M_0,SN,OI,GI$>$,有 $st_1\in$ST,

(1) 若 $\exists ip_1\in$IP,且 ip_1 包含了 M_0 标符,有 $ip_1\times st_1\neq\varnothing$,$st_1\times ip_1=\varnothing$,

则称 st_1 为 EPN 模型的开始操作,表示为 Petri 网的开始。

(2) 若 $\exists ip_1 \in IP$,且 ip_1 包含了 M_0 标符,有 $st_1 \times ip_1 \neq \varnothing$,$ip_1 \times st_1 = \varnothing$,则称 st_1 为 EPN 模型的终止操作,表示为 Petri 网的结束。

(3) 若 st_1 既是开始操作,又是终止操作,则称 st_1 为零操作。

定义 4.10　对于任意 Petri 网模型 EPN$=<$IP,OP,ST,BT,IA,OA,M_0,SN,OI,GI$>$,$\exists \forall st_1$,$st_2 \in ST$,设定 ρ:$st_1 \rightarrow st_2$,表示行为事件 behaviour transition 结点 st_1 和 st_2 之间存在顺序关系,表示 st_1 必须在 st_2 之间实施(st_1 为因,st_2 为果)。

其中,$st_1 \rightarrow st_2$ 表示为这两个行为事件(behaviour transition)结点的一个执行顺序对;ρ 表示连接这两个结点的 place 结点。本书定义两个函数 source 和 target 表示连接 place 结点的前驱结点和后继结点,因此有 source(ρ)=st_1,target(ρ)=st_2。

定义 4.11　对于任意 Petri 网模型 EPN$=<$IP,OP,ST,BT,IA,OA,M_0,SN,OI,GI$>$,有 st_1,st_2,st_3,$\cdots st_n \in ST$,bt_1,bt_2,bt_3,$\cdots bt_n \in BT$,$\forall ip_1 \in IP$,$\forall op_1 \in OP$,满足以下条件:

(1) 应用定义 4.9,st_1 为 EPN 模型的初始操作,且 IP($st_1 \times ip_1$)=IP($ip_1 \times bt_1$),表示静态事件结点 st_1 和动态事件结点 bt_1 是一个执行顺序对,本书用"→"表示偏序,表示为 $st_1 \rightarrow bt_1$,表示为 EPN 模型开始执行序列对。

(2) 应用定义 4.9,st_1 为 EPN 模型的终止操作,且 IP($bt_1 \times ip_1$)=IP($ip_1 \times st_1$),表示静态事件结点 st_1 和动态事件结点 bt_1 是一个执行顺序对,表示为 $bt_1 \rightarrow st_1$,表示为 EPN 模型结束执行序列对。

(3) 若 IP($bt_1 \times ip_1$)=IP($ip_1 \times bt_2$),或者 OP($bt_1 \times op_1$)=IP($op_1 \times bt_2$),则表明动态事件结点 bt_1 和 bt_2 是一个执行顺序对,表示为 $bt_1 \rightarrow bt_2$,表明 bt_1 在 bt_2 之前实施,因此(BT,→)应有无环性、组合性及连通性的特点。而多个执行顺序对,加上开始执行序列对和结束执行序列对就可以组成一个执行顺序序列 $Pi=\{st_1 \rightarrow bt_1 \rightarrow bt_2 \rightarrow bt_3 \rightarrow \cdots \rightarrow st_n\}$,其中 BT 表示业务系统中业务任务集,$bt_1$,$bt_2$,$bt_3$,$\cdots$,$bt_n \in BT$。

以上定义了 EPN 模型的形式化语法,其元模型结构见图 4.3 所示,图标记表示和描述如表 4.1 所列。由图 4.3 可见,本书设计的扩展条件事件网模型包括内部条件(inner place),外部条件(outer place),行为事件(behaviour transition),静态事件(silent transition),组织标识符(organization identifier)

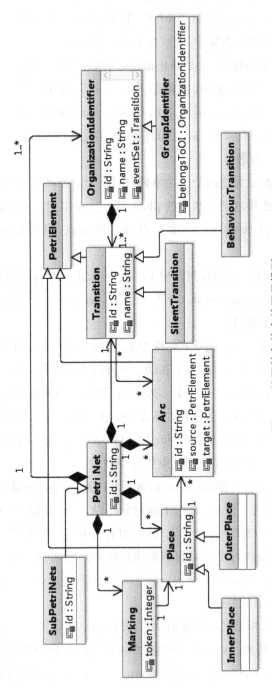

图 4.3 扩展的条件事件网元模型

和小组标识符(group identifier)。即 Petri 网模型中的 transition 元素在本书中被分为 silent transition 和 behaviour transition。其中 silent transition 表示静态事件,以实心矩形标记用于表示业务场景的开始和结束以及捕获业务场景流的路径信息。而 behaviour transition 表示动态行为事件,以空心矩形标记用于表示业务场景模型中的责任点元素和计时器信息。而 place 元素被分为 inner place 和 outer place,其中 inner place,以圆标记用于表示不同业务责任点之间的场景流信息以及表示业务责任点元素的执行顺序;而 outer place,以虚线圆标记用于表示业务系统中不同构件之间的场景流信息以及代表构件之间的交互。特别的是,本书所提出的扩展条件事件网模型定义了 organization identifier (OI) 和 group identifier (GI) 元素,代表 Petri 网模型中外部执行者和内部执行者之间的组织结构特征。其中 OI 代表着不同事件之间的内部条件的容器,规定内部条件不能穿越 OI 的边界,OI 之间的连接依赖于 outer place。因此,outer place 可以跨越边界连接相应的事件。

表 4.1　扩展条件事件网图标记和特征

模型元素	标　记	描　述
内部条件 (inner place)	○	一个内部条件用于链接两个处于同一组织容器的事件。当一个内部条件被标注有标符时,该内部条件就是 Petri 网模型的开始点。
外部条件 (outer place)	○	一个外部条件用于链接两个处于不同组织容器的事件。
行为事件 (behaviour transition)	▭	一个行为事件显示一个操作事件。
静态事件 (silent transition)	▬	一个静态事件显示 Petri 网模型的开始/结束以及决策的制定。
弧 (arc)	→	弧元素链接条件和事件。
子 Petri 网 (sub petri nets)	▭	子 Petri 网模型与 Petri 网模型一样拥有相同的模型元素,但链接子 Petri 网的条件只能为一个。

模型元素	标　记	描　述
组织标识符 （organization identifier，OI）	OI.name $\{t_1, t_2, t_3, \cdots\}$	一个组织标识符 OI 代表 Petri 网模型中的一个外部参与者。该外部参与者有可能是一个合伙人实体（如，一个公司或一个组织），或者是一个通常的合伙人角色（如，一个消费者或一个生产者），还可能是一个物理上的设备（如照相机，或数据采集器）。OI 是条件的集合，意味着这些条件被同一个组织容器所处理。
小组标识符 （group identifier，GI）	GI.name $\{t_1, t_2, t_3\}$	一个小组标识符 GI 代表一个 Petri 网模型中的内部参与者。这些参与者可能在一个组织容器中属于不同的部门和居于不同的职位。GI 是一系列条件的集合，这些条件执行顺序意味着 GI 操作业务的顺序。因此，GI 必须仅仅属于唯一的一个 OI。

4.2.2　场景模型的形式化

依据 UCM 模型的元模型结构，一个 UCM 场景模型主要由构件和连接各路径元素的一条路径组成。每一个路径元素都被链接在路径工具上，路径元素描述业务系统的动态行为，包括 gateway，responsibility，stub，start point，end point 和 timers 元素。因此，场景模型有如下流特征：

（1）一个开始点仅仅只有一个输出流而没有任何的输入流。

（2）一个结束点仅仅只有一个输入流而没有任何的输出流。

（3）一个责任点元素有且只有一个输入流和一个输出流。

（4）一个或分支和与分支网关只有一个输入流和多个输出流。

（5）一个或联接和与联接网关具有多个输入流和只有一个输出流。

在 EPN 模型中，由于事件被划分为静态事件和动态事件，故 UCM 中的相关网关元素将被形式化为 Petri 网模型中的静态事件，如"与分支"网关只有一个通用的输入流，其输出流采用布尔条件来判断，因此该判定条件就可以形式化为静态事件。表 4.2 列出 UCM 模型形式化为 EPN 模型的相关规则，根据表中所设计的映射规则，UCM 模型中的 PathTool 元素映射算法如算法 4.1 所示，而 Responsibility、Timer、And-Fork 以及 Or-Fork 等路径元素的映射算法如算法 4.2 所示。

表 4.2　UCM 模型元素形式化为 EPN 模型元素规则

UCM 对象（源模型）	映射规则	EPN 模块（目标模型）
StartPoint1　　EndPoint1	开始点元素映射为 EPN 模型中带有一个前置内部条件和后置内部条件的静态条件元素，并且每一个终止点元素被映射为 EPN 模型中带有一个后置内部条件的静态事件元素。如果 EPN 模型中的一个静态事件元素被设置一个标符，则表明 EPN 模型的开始。	Sc1　Se1　C1　Ee1　Ec1
Responsibility R1	每一个责任点结点被映射为带有一个前置内部条件和一个后置内部条件的一个行为事件元素。该事件元素的名称直接由责任点元素的名称映射而来。	Pr1　　R1　　Po1
Timer T1	一个计时器元素被映射为 EPN 模型中的带有一个前置内部条件和一个后置内部条件的一个行为事件元素。	Pr1　T1　Po1
DirectionArrow DA1	每一个方向箭头元素被映射为带有一个前置内部条件和一个后置内部条件的一个静态事件元素。	Pr1　DA1　Po1
Stub S1 IN1　OUT1	桩元素被映射为带有一个前置内部条件的子网。	Pr1　Subpage1　R1
Or-Fork OF1	每一个或分支元素被映射为一个前置内部条件和多个后置内部条件的静态事件。	Pr1　OF1　Po1 Po2
AndFork AF1	每一个与分支元素被映射为一个前置内部条件，其中每个分支被映射为带有一个后置内部条件的静态事件。	Pr1　AF1　Po1 AF2　Po2
AndJoin AJ1	与连接元素的每一个输入分支分别被映射为 EPN 模型中带有一个前置内部条件的静态事件，同时所有的静态条件分支被融合为一个后置内部条件。	Pr1　AJ1 Pr2　AJ2　Po1
OrJoin OJ1	每一个或连接元素被映射为 EPN 模型中带有多个前置内部条件和一个后置内部条件的静态事件。	Pr1 Pr2　OJ1　Po1

算法 4.1　PathTool 元素映射算法

Input:

　　A pt = < StartPoint, EmptyPoint, EndPoint >

Output:

　　A epn = < IP, OP, ST, BT, IA, OA, M_0, SN, OI, GI >

begin

if the PT in ucm is not empty **then**

　　//一个结点为业务场景模型中的开始结点

　　if a sp∈pt. startpoint **then**

　　　　//创建两个 inner place 结点

　　　　Create inner place ip1, ip2,

　　　　　　//将这两个 inner place 结点加入 IP 集合中

　　　　　　epn. IP = epn. IP∪{ip1, ip2};

　　　　//创建一个 silent transition 结点

　　　　Create silent transition st1,

　　　　　　//将该 silent transition 结点加入 ST 集合中

　　　　　　epn. ST = epn. ST∪{st1};

　　　　　　//将该开始结点的 name 和 id 值赋值给 epn 模型中的

　　　　　　开始 silent transition 结点

　　　　　　st1. name←sp. name;

　　　　　　st1. id←sp. id;

　　　　//创建该 silent transition 结点的输入弧和输出弧

　　　　　Add arcs epn. IA = epn. IA∪{(ip1, st1)} and epn. OA = epn.

OA∪{(st1, ip2)};

　　　　　　//为该 silent transition 结点加入 token 标识

　　　　　　Add an initial token in epn. ip1;

　　end if

　　//某个结点是业务场景模型中的结束结点

　　for each epi∈pt. endpoint **do**

　　　　//创建一个 silent transition 结点

　　　　Create silent transition eti

epn. ST = epn. ST∪{eti};

　　//将该结束结点的 name 和 id 值赋值给该 silent transition 结点

eti. name←epi. name;

eti. id←epi. id;

Create inner place ipi

epn. IP = epn. IP∪{ipi};

//创建该 silent transition 结点的输出弧

Add arcs epn. OA = epn. OA∪{(eti, ipi)};

　　end for

　end if

　end

算法 4.2　各责任点元素的映射算法

Input:

A Pa = (r, Timer, DirectionArrows, And-fork, Or-fork, And-Join, Or-join)

Output:

A epn = < IP, OP, ST, BT, IA, OA, M_0, SN, OI, GI >

begin

//将 UCM 模型中的 responsibility 结点映射为 EPN 模型中的

//behavior transition 结点

1. **for each** rs∈Pa. r **do**　//找到一个 responsibility 结点

//创建 inner place //结点,将该结点加入 IP 集合中

Create inner place ipi, epn. IP = epn. IP∪{ipi};

//创建 behavior transition 结点,将该结点加入 BT 结集合中

Create behavior transition bti, epn. BT = epn. BT∪{bti};

bti. name←rs. name;

bti. id←rs. id;

//创建该 behavior transition 结点的输出弧

Add arcs in epn.OA = epn.OA∪{(bti, ipi)};

　end for

//将 UCM 模型中的 and-fork 元素映射至 EPN 模型
//假设 se. SE = {se₁, se₂, se₃, ⋯ }, 构造 UCM 模型中的场景边结点

2. **for each** af∈Pa. And-fork **do**

　　for each se∈se. SE **do**　//遍历每一个场景边结点
　　　　//判断该场景边的源结点的类型是否为 and-fork
　　　　if se. source = = af **then**
　　　　　　Create inner place ipi, epn. IP = epn. IP∪{ipi};
　　　　　　Create silent transition sti, epn. BT = epn. BT∪
{sti};
　　　　　　　sti. id←af. id + 1;　//生成 silent transition
结点的 id 值
　　　　　　//创建该 silent transition 结点的输入弧
　　　　　　Add arcs in epn. IA = epn. IA∪{(af. source, sti)};
　　　　　　//创建该结点的输出弧
　　　　　　Add arcs in epn. OA = epn. OA∪{(sti, ipi)};
　　　　end if
　　　end for
　　end for

//将 UCM 模型中的 or-fork 结点映射至 EPN 模型

3. **for each** of∈Pa. Or-fork **do**
　　//为每一个分支创建 silent transition 结点
　　Create silent transition st1, epn. BT = epn. BT∪{st1};
　　　st1. id←of. id + 1;
　　Add arcs in epn. IA = epn. IA∪{(of. source, st1)};
　　for each se∈se. SE **do**
　　　　//判断该场景边的源结点的类型是否为 or-fork
　　　　if se. source = = of **then**
　　　　　//创建 inner place 结点
　　　　Create inner place ip1, epn. IP = epn. IP∪{ip1};
　　　　　Add arcs in epn. OA = epn. OA∪{(of, ip1)};

```
        end if
      end for
    end for
  … …

end
```

从算法 4.2 中可见,模型转换中路径元素的映射比较复杂,这是由于 or-join 网关表示只要连接多条路径中的一条路径就可触发后续路径;而 and-join 网关表示联接多条路径后才能触发后续路径。因此,当 join 网关映射为 EPN 模块时表示为静态事件,用于捕获场景的路径行为;而 or-fork 和 and-fork 网关的执行需要判定条件,表示联接多条路径中的一条路径和联接多条路径中的多条路径,可以直接映射为 EPN 模块中一个静态事件。针对这些特点,or-fork 网关建模时采用布尔条件来表示后置条件(输出流),但其输入流信息相同。因此 or-fork 网关的前置条件(输入流)有一个 token,使得对业务系统建模时不需要单独设置条件本身,只需要当某个后置条件为“真”时网关将会到达某个后置条件;而对于 and-fork 网关来说,表示并行执行多个路径,网关的每一条路径都对应一个事件和事件的后置条件。

特别指出的是,Stub 元素在 UCM 模型中被看作是一个子场景模型或者是一个独立的场景模型。虽然一个 Stub 元素在 UCM 模型中可以存在多个终止结点,但为了保持整个场景路径的完整性,表 4.1 中所描述的 Stub 元素在映射时被强制性的约束为仅有一个开始和结束且没有任何的例外处理。此外,在 UCM 模型的形式化过程中,没有将 Stub 元素细化为 static stub 和 dynamic stub,这是因为不管是 static stub,还是 dynamic stub,当映射为 EPN 模型时其映射规则与 stub 一致。其映射执行过程和实例说明见 4.5 节所示。

4.3　业务过程模型的形式化

Petri 网作为一个被广泛使用的形式化模型,无论是控制流、对象流还是信息流,Petri 网适用于描述系统的这些“流”行为,该特征使得 Petri 网更好的定义业务流程模型的语义。另一方面,通过对当前研究文献的分析,Petri 网已经成为业务过程等相关模型形式化的主要方法,尽管有的研究用 Petri 网能分析完整的如 BPMN 模型的行为语义[167]，但由于 Petri 网在静态结构方面的缺陷，使得很少有研究涉及组织结构特征的形式化。因此，使用定义 4.6 的 EPN 模型同样可以形式化 BPMN 模型的动态行为和静态组织结构。

根据 BPMN 说明文档的内容[165]，BPMN 核心的基本元素可以构造 BPMN 过程图、BPMN 协作图和 BPMN 编排图。这些图表示的模型描述业务系统的内部交互（私有过程）和外部交互（公共过程）。因此，BPMN 模型中涉及交互行为的元素包括 task，sub-process，call activity，event，gateway，sequence flow 和 message flow。而描述业务系统结构的相关元素如 pool，lane，artifact，group 和 data object 用于指定合作者实体、或组织和分类活动。根据 BPMN 说明文档中[165]关于过程流的分析和执行语义分析，业务过程流的主要特征包括以下几点：

（1）一个开始事件或一个例外事件仅有一个输出流。

（2）一个结束事件仅有一个输入流。

（3）一个活动事件或一个中间事件应该有一个输入流和一个输出流。

（4）一个分支网关和一个决策网关应该有一个输入流和多个输出流。

（5）一个联接网关和一个合并网关应该有多个输入流和只有一个输出流。

（6）一个子过程只有一个输入流和一个输出流。

将 BPMN 模型映射为 EPN 模型的映射规则如表 4.3 所示。在 EPN 模型中，一个带有前置条件的静态事件一旦被标记为标符（token）就意味着业务过程的开始，其映射算法见算法 4.3 所示。根据流的特征，本书设计一个序列流被映射为一个带有输入弧和输出弧的 inner place 结点，而消息流被映射为一个带有输入弧和输出弧的 outer place 结点，其映射算法见算法 4.4 所示。而网关结点中 Inclusive 网关代表着决策分支，因此每个分支条件都被映射为一个静态事件，而 Exclusive 合并网关有多个输入分支，因此每个输入分支分别被映射为一个静态事件，其映射算法见算法 4.5。子过程被映射为一个子 EPN 网模型代表一个独立的业务过程模型。本书为了避免执行结果的二义性，子过程被严格的限制为只有一个开始事件和一个结束事件。同样，业务过程的回调活动也被看作是一个子过程，通过前置条件的设置开始子过程活动，然后设计一个回调事件用于接收子过程的执行结果，执行结果被定义为子过程的后置条件。另外，本书定义了消息流作为 BPMN 模型中两个业务过程之间协作的交互，因此消息流被映射为 EPN 模型中的外部条件。其中，外部条件的输入弧连接发送消息的动态行为事件,输出弧连接接收消息的动态行为事件。

表 4.3　BPMN 模型元素形式化为 EPN 模型模块规则

BPMN 对象(源模型)	映射规则	EPN 模块(目标模型)
Start	一个开始事件被映射为带有一个初始内部条件和一个后置内部条件的静态事件。初始内部条件中被设置一个标符,且没有输入弧,表示 Petri 网的开始。	 Ps　SE　Po
End	每一个结束事件被映射为带有一个前置内部条件和后置内部条件的静态事件,其中后置内部条件没有输出弧。	 Pr　EE　Pe
Task1	每一个任务被映射为带有一个前置内部条件和一个后置内部条件的动态行为事件。	 Pr1　T1　Po1
Intermediate e	不管 BPMN 模型中的中间事件细化为哪种中间事件,每一个中间事件被映射为 EPN 模型中带有一个前置内部条件和一个后置内部条件的动态行为事件。	 Pr1　Ie　Po1
C1 C2	Inclusive 网关代表着决策分支,因此,每一个分支被映射为带有一个后置内部条件的静态事件。	 Pr1　C1　Po1 C2　Po2
Merge1	Exclusive 合并网关有一组输入分支,因此,每一个输入分支被映射为带有一个前置内部条件的静态事件,并且所有的静态事件执行后将合并为一个后置内部条件。	 Pr1　Mla Pr2　Mlb　Po1
Fork 1	Parallel fork 网关有多个平行的输出流,因此,Parallel fork 结点被映射为带有一个前置内部条件的静态事件,同时每一个输出流分支被映射为一个后置内部条件。	 Pr1　F1　Po1 Po2
Join 1	Parallel join 网关有多个平行的输入流,因此,每一个输入流分支被映射为一个前置内部条件,同时 Parallel join 结点本身被映射为带有一个后置条件的静态内部事件。	 Pr1　J1　Po1 Pr2
C1 default	Exclusive decision 一般具有一条缺省路径,因此,每一条正常路径和缺省路径分别被映射为带有后置内部条件的静态事件。	 Pr1　C1　Po1 Default　Po2

BPMN 对象(源模型)	映射规则	EPN 模块(目标模型)
	本书严格的限制子过程只有唯一的开始事件和结束事件,因此该子过程直接被映射为带前置内部条件的子 EPN 网。	
	回调活动被看作是一个带有调用事件和返回事件的子过程。因此,当回调活动映射为 EPN 模型时,其调用事件和返回事件分别被映射为一个动态行为事件,而回调活动则被映射为一个带有前置内部条件和后置内部条件的子 EPN 网。	
	一个带有消息事件的任务当映射为 EPN 模型时,该任务和消息事件分别被映射为带有后置内部条件的动态行为事件。	
	消息流被映射外部条件。	

算法 4.3　事件的映射算法

Input:

A pe = < Startevent, Intermediateevent, Endevent >

Output:

A epn = < IP, OP, ST, BT, IA, OA, MO, SN, OI, GI >

begin

//将 BPMN 模型中的开始事件映射至 EPN 模型

1. **for each** se ∈ pe. Startevent **do**

Create inner place ip1, ip2, //创建两个 inner place 结点

epn. IP = epn. IP∪{ip1, ip2};

Create silent transition st1, //创建一个 silent transition 结点

epn. ST = epn. ST∪{st1};

st1. name←se. name;

st1. id←se. id;

//为该 silent transition 结点创建输入弧和输出弧

Add arcs epn. IA = epn. IA∪{(ip1, st1)} and epn. OA = epn. OA∪
{(st1, ip2)};

　　　　//为该 silent transition 结点 //增加 token, 表示 EPN 的开始

　　　　Add an initial token in epn. ip1;

　　end for

　　… …

　end

算法 4.4　流的映射算法

Input:

　　A flow = < Sequenceflow, Messageflow >

Output:

　　A epn = < IP, OP, ST, BT, IA, OA, M_0, SN, OI, GI >

begin

//将 BPMN 模型中的序列流映射至 EPN 模型,

//其方法为将序列流结点映射为 inner place 结点

1. **for each** sf∈ flow. Sequenceflow **do**

　　　Create inner place ipi,　//创建 inner place 结点

　　　　　epn. IP = epn. IP∪{ipi};

　　　　　ipi. name←sf. name;

　　　　　ipi. id←sf. id;

　　　//为该 inner place 结点增加输入弧和输出弧, 其输入弧的源结点

　　　//为序列流连接的源结点, 输出弧的目标结点

　　　//为序列流连接的目标结点

　　　Add arcs epn. IA = epn. IA∪{(sf. sourceRef, ipi)} and

　　　　　　epn. OA = epn. OA∪{(ipi, sf. targetRef)};

end for

//将 BPMN 模型中的消息流映射至 EPN 模型

2. **for each** mf∈ flow. Messageflow **do**

　　　Create outer place opi,　//创建 outer place 结点

　　　　　epn. OP = epn. OP∪{opi};

　　　　　opi. name←mf. name;

```
        opi.id←mf.id;
```

//为该 outer place 结点增加输入弧和输出弧,其输入弧的源结点

//为消息流连接的源结点,输出弧的目标结点

//为消息流连接的目标结点

Add arcs epn.IA = epn.IA $\cup$ {(mf.sourceRef,opi)} and

epn.OA = epn.OA $\cup$ {(opi,mf.targetRef)};

end for

end

算法 4.5　网关的映射算法

Input:

A gw = < Fork,Join,Decision,Merge >

Output:

A epn = < IP,OP,ST,BT,IA,OA,M_0,SN,OI,GI >

begin

//将 BPMN 模型中的 fork 结点映射至 EPN 模型

1. **for each** fork $\in$ gw.Fork **do**　　//针对 BPMN 模型中的每一个 fork 结点

Create silent transition sti, //创建 silent transition 结点

epn.ST = epn.ST $\cup$ {sti};

//将 fork 结点的 name 和 id 值赋值给该 silent transition 结点

sti.name←fork.name;

sti.id←fork.id;

end for

… …

//将 BPMN 模型中的 merge 结点映射至 EPN 模型

2. **for each** merge $\in$ gw.Merge **do**

for each iarc.targetRef = = merge **do**

Create silent transition sti, //创建 silent transition 结点

epn.ST = epn.ST $\cup$ {sti};

sti.id←merge.id + 1;

//修改该 silent transition 结点的输入弧连接

Modify arc iarc.targetRef = sti;

　　//创建该 //silent transition 结点的输出弧,该输出弧的
目标结点

　　//为 merge 结点的目标结点

　　Add arcs epn. OA = epn. OA ∪ {(sti, merge. oarc. targetRef)};

　　end for

　　end for

end

　　然而,考虑到模型的可读性,BPMN 模型作为 CIM 抽象层次模型不能细化到具体的实现细节。因此,本书通过约束性条件严格限制 BPMN 模型中的一些元素,使其没有进一步细分。如所有的中间事件和例外事件都被视为中间事件被映射至 EPN 模型中的动态行为事件。

4.4　GSP 模型转换与形式化执行

　　GSP 建模方法是一个利用模型驱动技术,采用逐步细化和求精的多层次建模方法,由于业务目标模型,业务场景模型和业务过程模型之间存在映射关系,即业务目标模型是业务场景模型的基础,业务场景初始模型由业务目标模型映射而来;业务过程模型是业务场景模型的进一步细化,业务过程初始模型由业务场景模型映射而来。另一方面,由于 Petri 网的图形化建模工具 ePNK 的广泛应用,基于 Petri 网的模型形式化可以自动执行。因此,这些模型之间的转换和模型形式化执行采用基于元模型映射的方式实现。

4.4.1　GSP 模型转换

　　本书提出的 GSP 建模框架中的模型转换采用如下方法实现转换:
　　首先,模型之间的映射采用自然语言来定义。然后,这些映射由一系列映射规则组成,映射规则采用 QVTo 语言来定义。如果映射过程中涉及条件的描述,可以采用 QVTo 语言的“when”和“where”子句来约束性定义源模型与目标模型之间的限制性映射。最后,通过应用 Eclipse 建模平台上的 QVTo 插件执行所定义的转换规则。

1. 模型转换规则

　　采用自然语言描述的 GSP 模型的映射规则如表 4.4 所列,这些映射规则

可以用 QVTo 语言来描述。表 4.5 和表 4.6 分别列出了 GRL 模型元素映射为 UCM 模型元素的 QVTo 操作和 UCM 模型元素映射为 BPMN 模型元素的 QVTo 操作。这些映射操作在 Eclipse 建模平台上可以被 QVTo 转换引擎自动执行。然而,由于源模型元素和目标模型元素并不一定是直接的一对一的关系,这就导致源模型中的相关模型元素必须由业务分析员手动的转换为目标模型元素,如 UCM 模型中的场景流与 BPMN 模型中的中间事件之间的映射。另一方面,由于 GSP 建模方法是一个逐步细化和求精的过程,所以,细化和求精的过程也需要业务分析员手动执行。而本小节则聚焦于执行转换规则的自动转换执行过程,其手动细化和完善活动见 4.5.2 节所示。

表 4.4　GRL 至 UCM 和 UCM 至 BPMN 的模型映射规则

源元模型	目标元模型	映射规则
GRL	UCM	规则 1:每一个 GRL 模型可以映射为一个带场景路径的场景模型,该场景路径包括一个场景开始点和场景结束点。 规则 2:GRL 模型中的每一个业务目标(Goal)被映射为 UCM 模型中的一个桩结点(Stub)。 规则 3:GRL 模型中的每一个业务任务(Task)被映射为 UCM 模型中的一个责任点结点(Responsibility)。 规则 4:GRL 模型中的每一个参与者(Actor)被映射为 UCM 模型中的一个构件(Component)。 规则 5:GRL 模型中的每一个贡献链接(Contribution)被映射为 UCM 模型中两个责任点元素之间的连接。
UCM	BPMN	规则 1:UCM 模型中的开始点元素(Start point)被映射为 BPMN 模型中的开始事件(Start event)。 规则 2:UCM 模型中的结束点元素(End point)被映射为 BPMN 模型中的结束事件(End event)。 规则 3:UCM 模型中的桩元素(Stub)被映射为 BPMN 模型中的子过程元素(Sub-process)。 规则 4:UCM 模型中的每一个责任点元素(Responsibility)被映射为 BPMN 模型中的一个任务元素(Task)。 规则 5:UCM 模型中的每一个构件元素(Component)被映射为 BPMN 模型中的一个池元素(Pool)。 规则 6:UCM 模型中的每一个与分支(And-fork)被映射为 BPMN 模型中的一个分支网关(Fork)。 规则 7:UCM 模型中的每一个或分支(Or-fork)被映射为 BPMN 模型中的一个独立网关(Exclusive)。 规则 8:UCM 模型中的每一个与联接(And-join)被映射为 BPMN 模型中的一个联接网关(Join)。 规则 9:UCM 模型中的每一个或联接(Or-join)被映射为 BPMN 模型中的一个合并网关(Merge)。 规则 10:UCM 模型中的每一个场景边被映射为 BPMN 模型中的一个流。

表 4.5　GRL 模型元素至 UCM 模型元素的映射操作

源元素（GRL）	目标元素（UCM）	QVTo 映射操作
	PathTool	mapping inout addStartPoint() mapping inout addEndPoint() mapping inout addPath()
Goal	Stub	mapping goalTostub()
Task	Responsibility	mapping taskToresponsibility()
Actor	Component	mapping actorTocomponnent()
Contribution	ScenarioEdge	mapping contributionToscenarioedge()

表 4.6　UCM 模型元素至 BPMN 模型元素的映射操作

源元素（UCM）	目标元素（BPMN）	QVTo 映射操作
StartPoint	StartEvent	mapping startpointTostartevent()
EndPoint	EndEvent	mapping endpointToendevent()
Stub	Subprocess	mapping stubTosubprocess()
Responsibility	Task	mapping responsibilityTotask()
Component	Pool	mapping componentTopool()
PathElement	Gateway	mapping pathelementTogateway()
AndFork	Fork	mapping addforkTofork()
OrFork	Exclusive	mapping orforkToexclusive()
AndJoin	Join	mapping andjoinToJoin()
OrJoin	Merge	mapping orjoinTomerge()
ScenarioEdge	Flow	mapping scenarioedgeToflow()
ScenarioEdge	SequenceFlow	mapping scenarioedgeTosequenceflow() query source_targetIsSameComponent()
ScenarioEdge	MessageFlow	mapping scenarioedgeToMessageflow() query source_targetIsSameComponent()

在 UCM 模型转换为 BPMN 模型过程中，UCM 模型中的 Actor，Team，Process，Agent 等类型构件都被统一映射为 BPMN 模型中的 Pool，因此这就需要业务分析员手动的分类业务过程建模中的参与者信息。值得注意的是，在 GSP 多层次建模方法的模型转换过程中，由于本书主要聚焦于业务系统功能方面的需求，因此在 GRL 模型中的软目标（softgoal）元素并没有被映射为

UCM 模型中的任何元素。因此，软目标方面的处理考虑采用现有的 NFR 建模方法来解决。

2. 模型转换实现

现有模型转换技术中元模型通常由 UML 类图定义，但元模型执行工具却包括元对象机制 MOF、Eclipse 平台下的元元模型工具 EMF（Eclipse modeling framework）、以及 KM3 模型（Kernel MetaMetaModel）[185]。EMF[186] 作为一个元建模框架允许使用者去定义、编辑和处理一个 ecore 文件（.ecore）。因此，本书采用 EMF 技术构建 GSP 框架中的业务目标元模型、业务场景元模型、业务过程元模型和 EPN 元模型。为了让各利益相关者更加容易的处理模型，使用 GRL 模型、UCM 模型和 BPMN 模型分别代表业务目标模型、业务场景模型和业务过程模型。

QVT 语言作为基于 OMG 标准的开放式模型转换语言，包括 QVT relations，QVT core 和 QVTo（QVT operational mappings）。与 QVT relations、QVT core 相比，QVTo 具有命令式结构功能，同时又扩展 relations 和 core，因此 QVTo 提供了一个过程化的语法能够被命令式程序员所熟悉[146]。此外，该语言提供了与 JAVA 虚拟机类似的黑盒执行机制使得程序员执行更为复杂的模型转换。因此，GSP 模型框架中的模型转换规则选择 QVTo 语言描述和执行。

图 4.4 显示了从 GRL 模型至 UCM 模型的转换过程，其转换实现基于 EMF 插件和使用 QVTo 语言描述业务目标模型与业务场景模型之间以及业务场景模型和业务过程模型之间的映射规则。其转换过程为：首先利用 EMF 插件创建 GRL 模型和 UCM 模型的元模型结构和文件；然后利用 QVTo 语言设计转换规则代码；最后模型执行引擎运行 grlToucm 转换描述实现业务目标模型至业务场景模型的转换。该模型转换被定义为 MOF 中的 M2 层，表明源模型与目标模型之间的转换规则是在元模型之间展开的。因此，根据 grlToucm 模型转换插件 UCM 模型可以由任何的 GRL 模型产生。

为了演示图 4.4 所示的模型转换过程，图 4.5 显示了从 GRL 模型至 UCM 模型映射实现的部分视图。图 4.5 中 taskToresponsibility 转换规则的源模式查找源模型（GRL 模型）中的每一个任务（task）对象，目标模式（UCM 模型）根据查找的 Task 对象，自动创建一个责任点元素（responsibility）。例

如,源模型中的任务对象"Offer Travel Plan"匹配目标模型中的责任点元素
"Offer Travel Plan",源模型中的"Offer Travel Plan"对象的 Name 和
Business Actor 属性分别被映射至目标模型中的"Offer Travel Plan"责任点
元素的 Name 和 Component 属性。

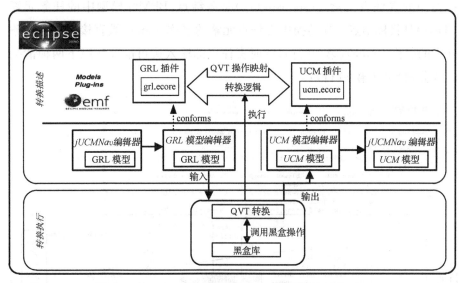

图 4.4　使用 QVTo 语言的 GRL 至 UCM 模型转换过程

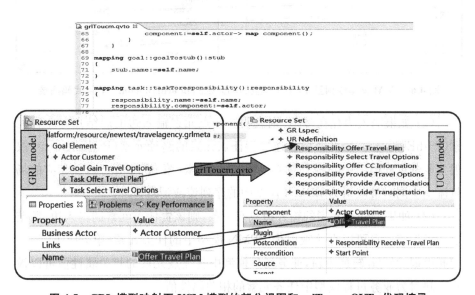

图 4.5　GRL 模型映射至 UCM 模型的部分视图和 grlToucm QVTo 代码摘录

　　而对于 UCM 模型至 BPMN 模型的转换，图 4.6 显示了插件 ucmTobpmn 的部分转换代码摘录和以 Travel Agency 为例的 UCM 模型和 BPMN 模型的部分视图，该图中业务场景模型和业务过程模型的模型元素以树状形式的编辑器显示。以 responsibilityTotask 转换为例（第 47 行），UCM 模型中的责任点元素（responsibility）是源结点，BPMN 模型中的任务元素（Task）是目标结点。在转换中责任点元素的名称（name）被直接映射为任务元素的名称（name）（第 49 行）；同时责任点的输入边可能存在以下两种情况需要分别判断（第 50 行）：

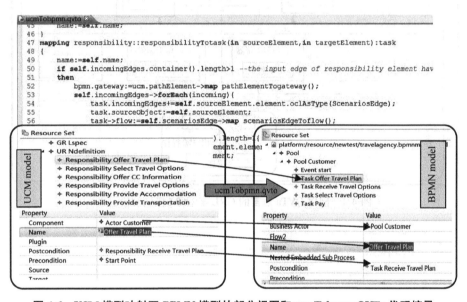

图 4.6　UCM 模型映射至 BPMN 模型的部分视图和 ucmTobpmn QVTo 代码摘录

　　（1）如果输入边存在多条，则表明责任点元素输入边的源结点是路径元素（PathElement），因此需要将连接责任点元素的路径元素（PathElement）映射为业务过程模型中的相关网关（gateway）元素（第 52～55 行），其相应的场景流也应同时被映射为 BPMN 模型中的序列流或消息流；

　　（2）如果责任点元素的输入边只有一条，则该责任点元素的输入边、源结点和场景流信息可以直接映射为 BPMN 模型中的任务元素（第 59～61 行）。因此根据 QVTo 转换逻辑，业务场景模型中责任点元素的相关属性值可以被直接映射为业务过程模型中任务元素的相关属性值。

　　因此，GSP 建模插件的开发环境是在 Eclipse 建模平台上首先利用 EMF

处理 GRL 模型、UCM 模型和 BPMN 模型的元模型；然后利用 QVTo 插件分别定义 grlToucm 插件和 ucmTobpmn 插件开发工程，分别编写 QVTo 语法格式的 GRL 元模型元素至 UCM 元模型元素的模型转换代码，以及 UCM 元模型元素至 BPMN 元模型元素的模型转换代码；最后导入输入模型和定义输出模型，利用 QVTo 执行引擎执行模型转换代码得出转换后的目标模型。

由于 GSP 建模框架是一个多层次框架，且采用逐步细化的方式实现 CIM 层次建模，必然存在一些模型元素的转换由手动完成，因此完整的场景模型需要业务分析员在 Eclipse 平台上的 jUCMNav（http://jucmnav. softwareengineering.ca）插件中手动调整，而完整的 BPMN 模型则需要业务分析员在 Activiti Eclipse BPMN 2.0 Designer 插件中手动调整。

4.4.2　模型形式化执行

根据业务目标模型、业务场景模型和业务过程模型的形式化定义可知（4.1节～4.3节），业务目标模型采用范畴论理论对其形式化，而场景模型和业务过程模型通过定义的 EPN 模型以 Petri 网图的方式对其形式化。所以，采用 Petri 网形式化的过程就是将业务场景模型和业务过程模型映射至 Petri 网模型的过程。因此，本书设计 UCM2EPN 和 BPMN2EPN 插件实现模型的自动形式化执行。

由于对 Petri 网模型进行扩展，因此需要利用 EMF 插件重新定义 Petri 网模型的元模型。EPN 模型的元模型采用 UML 类图来表示，然后该类图形式的元模型利用 EMF 工具生成能被 ATL 识别的 .ecore 和 .genmodel 文件。图 4.7 所示的 EPN 元模型定义及 EPN 树状编辑器都是采用 EMF 插件实现的，而模型的形式化则采用 ATL 代码实现。

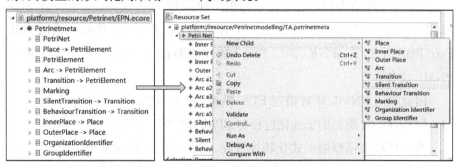

图 4.7　EPN 元模型定义和 EPN 模型编辑器

GSP 建模方法的模型形式化执行包括 GRL2GraphCategories，UCM2EPN 和 BPMN2EPN。以 BPMN2EPN 为例，演示模型形式化执行过程如图 4.8 所示。其详细过程为：首先是利用 Activiti BPMN 2.0 插件完善 BPMN 模型，然后根据 BPMN 元模型格式将该模型转换为 XMI 类型的文件，该 XMI 文件被 BPMN2EPN 转换工具读取。而 BPMN2EPN 转换工具的执行过程包括以下 4 个步骤：

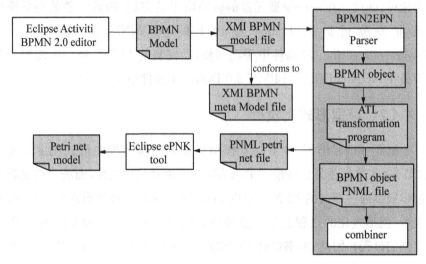

图 4.8　BPMN 模型形式化为 EPN 模型的过程

（1）XMI 文件被解析器（Parser）分解为单个独立的 BPMN 对象；

（2）根据表 4.1 所制定的映射规则，设计 ATL 语言格式的转换程序；

（3）ATL 转换程序将单个独立的 BPMN 对象转换为扩展的条件事件网（EPN）模块文件；

（4）利用组合器将这些转换后的单个独立的 EPN 文件组合为一个完整的 EPN 文件。PNML 文件作为一个标准的，采用 XML 交换格式的描述 Petri 网的语言，其 ePNK（2012 版本）插件能够在 Eclipse 建模平台上读取 PNML 文件。

因此利用 PNML 语言描述 EPN 模型，利用 ePNK 插件来处理 EPN 模型。同样，UCM 模型的形式化过程与 BPMN 模型形式化的过程一致。

为了显示该模型的形式化转换过程，图 4.9 显示 BPMN 模型至 EPN 模型的部分映射执行细节。BPMN2ExtendPetrinets 转换插件定义了 BPMN 模型中的 task 元素至 EPN 模型中的 behaviour transition 元素和 sequence flow 元素至 inner place 元素的转换（35 行和 44 行）；在 Task2Behaviour Transition 转换操作中，task 元素的 id 和 name 值被直接转换为 behaviour transition 元素中的 id 和 name 属性值（40 ~ 41 行）；而在 SequenceFlow2InnerPlace 转换操作中，sequence flow 元素的 id 值被直接转换为 inner place 元素的 id 值（49 行），同时在 EPN 模型中还需要创建 in 弧和 out 弧（50～51 行）。在创建 in 弧和 out 弧的过程中，需要设计弧连接的源结点和目标结点，如 in 弧的 sourceRef（源结点）是 sequence flow（55 行），而 in 弧的 targetRef（目标结点）是 inner place（56 行）。

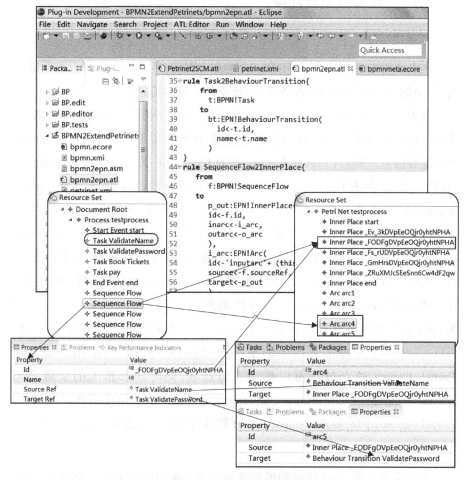

图 4.9　BPMN 至 EPN 映射执行的部分视图和 task2behaviourtransition 模型转换 ATL 代码摘录

4.5 GSP 建模实例

GSP 建模方法是一个从高层业务目标模型映射至底层业务过程模型的，且采用逐步细化和求精的多层次建模方法。本节根据 GSP 建模过程，应用 W3C 标准文档的 Travel Agency 业务系统演示利用 GSP 建模方法实现多层次 CIM 建模。

4.5.1 建模对象与环境

1. 建模对象

本书使用的运行实例来自 W3C（World Wide Web Consortium）标准文档[187]中的 Travel Agency 业务系统，该业务系统的场景描述如下：

首先，一个出行者（Customer）向 Travel Agency 提交自己的旅行计划，该计划中包括旅行者打算出行的目的地信息、出行时间和返回时间、住宿酒店的标准等信息。然后，Travel Agency 接收 Customer 的旅行计划并评估该计划，找到能够为该 Customer 提供服务的 Broker Agent 并连接该 Broker Agent。每一个 Broker Agent 有可能是一个为多个酒店工作的住宿（Accommodation）代理，也可能是一个为多个交通运输公司工作的交通（Transportation）代理，还可能是为多个旅游景点公司工作的旅游景点（Tourist Attraction）代理。这些公司通过 Broker Agent 请求提供相应的服务。然后 Broker Agent 将满足条件的服务传回 Travel Agency，Travel Agency 将这些服务整理后提供给 Customer 一系列满足要求的旅游选项。一旦 Customer 选择了选项中的某一项，她必须提供她的信用卡信息给 Travel Agency，这个过程可以称为支付过程，同时涉及相关的金融公司（Finance Company），当 Finance Company 验证这个支付是正确有效的以后，Travel Agency 同时要求 Broker Agent 确认订单并发消息通知 Customer。

2. 建模环境

本书所涉及的 CIM 建模和模型转换实现都采用该实例进行说明和验证。该实例的 GSP 建模环境为：在 Eclipse Modeling Project 平台上导入本书开发的 grlToucm 插件、ucmTobpmn 插件、UCM2EPN 插件和 BPMN2EPN 插件，以及应用已有的 jUCMNav 插件实现 GRL 模型和 UCM 模型的建模和完善活动，而完整的 BPMN 模型应用 Activiti Eclipse BPMN 2.0 Designer 插件实现。接下来演示利用 GSP 建模方法在以上的运行平台上实现 Travel Agency 业务系统的 CIM 建模，并分析应用 GSP 建模方法的实验结果。

4.5.2 GSP 建模

根据 GSP 逐步细化和求精的建模过程定义，设计了每个层次上的建模活动和模型细化活动，按照 GSP 建模过程从业务目标建模、业务场景建模和业务过程建模 3 个层次阐述 Travel agency 系统完整的 CIM 建模。

1. 业务目标建模

由于在业务需求分析的早期阶段只需关注业务系统的初始需求。因此，首先需要使用 GRL 建模语言建立一个初始的业务目标模型。根据 GSP 建模过程的设计，业务目标模型层活动包括 GRL 建模活动、GRL 模型形式化和 GRL 模型验证 3 个方面。

(1) GRL 建模活动。在 GRL 模型中主要包括 3 种类型的概念：意图元素、意图关系和参与者。因此，业务目标的建模通过以下活动完成：① 通过业务系统中关于业务需求的自然语言描述，提取和分析该业务问题描述中的名词和动词，识别业务系统的参与者和功能方面的意图元素；② 将相关意图元素归类于参与者，表明该意图元素是由某一个参与者作用并实施的；③ 建立意图元素之间的意图关系。意图关系通过显示所有目标（Goal）或任务（Task）之间的关系能满足终端用户的需求，从而能增强业务目标的理解。

通过对 Travel Agency 的场景分析，应用和实施以上 GRL 建模的 3 个活动，经过第一步活动，本书提炼出 Travel Agency、Customer、Broker Agent、Financial Company、Transportation Company、Accommodation Company 和 Tourist Attractions Company 7 个参与者，Gain Travel Options、Provide Transportation Service、Provide Accommodation Service、Provide Tourist Attractions Service、Payment Service 和 Offer Travel Options 6 个业务系统目标，以及 Offer Travel Plan、Provide Travel Options、Offer Transportation、Offer Accommodation、Offer Tourist Attractions、Select Travel Options、

Offer CC Information 和 Verify Credit Card 8 个任务。第二步对这些业务目标、业务任务进行职责划分,将这些业务目标和业务任务归类至各参与者用户。第三步就是对这些业务目标与业务目标之间、业务目标与业务任务之间以及业务任务与业务任务之间根据目标分析和精炼确立他们之间的意图关系。因此,Travel Agency 系统的初始目标模型如图 4.10 所示。该图所示的意图关系表明,旅行者是否能获得最好的旅游计划方案完全依赖于 Travel Agency 系统提供的服务。如目标"Gain Travel Options"与任务"Provide Travel Options"之间存在依赖关系;而所有的 Accommodation 公司、Transportation 公司和 Tourist Attractions 公司的业务依赖于 Broker Agent;而 Broker Agent 与 Financial 公司与 Customer 之间的交互依赖于 Travel Agency 提供的服务。

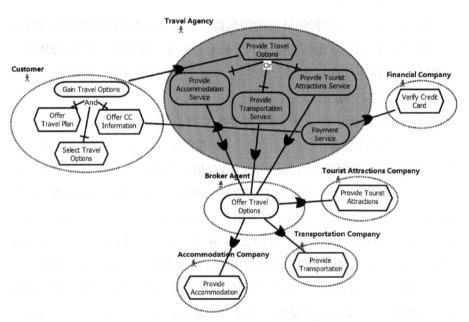

图 4.10　Travel Agency 系统的目标模型

(2) GRL 模型形式化。根据定义 4.1 利用范畴论形式化 GRL 模型,图 4.11 所示的目标模型结点信息如表 4.7 所列。因此,Travel Agency 业务系统的目标模型可以被图范畴定义为:

$$G = (A, G_A, G_N, s, t, m_A, m_N)$$

其中,参与者集合 A 为:$A=\{Customer,TA,BA,AC,TC,TAC,FC\}$,

箭头字符集合为 G_A:

$G_A=\{edc_1,edc_2,edc_3,edc_4,edc_5,edc_6,edp_1,edp_2,edp_3,edp_4,edp_5,edp_6,$ $edp_7,edp_8,edp_9\}$,其中 edc_i 表示的箭头为分解意图关系;edp_i 表示的箭头为依赖意图关系。

结点字符集合 G_N 为:

$G_N=\{ng_1,nt_1,nt_2,nt_3,ng_2,ng_3,ng_4,ng_5,ng_6,nt_4,nt_5,nt_6,nt_7,nt_8\}$。

源映射 s 和目标映射 t 为:

$s(edc_1)=ng_1,s(edc_2)=ng_1,s(edc_3)=ng_1,s(edc_4)=nt_4,s(edc_5)=nt_4,$

$s(edc_6)=nt_4,s(edp_1)=ng_1,s(edp_2)=ng_2,s(edp_3)=ng_3,s(edp_4)=$ ng_4,

$s(edp_5)=ng_6,s(edp_6)=ng_6,s(edp_7)=ng_6,s(edp_8)=nt_3,s(edp_9)=$ ng_5。

$t(edc_1)=nt_1,t(edc_2)=nt_2,t(edc_3)=nt_3,t(edc_4)=nt_4,t(edc_5)=nt_4,$

$t(edc_6)=ng_4,t(edp_1)=nt_4,t(edp_2)=ng_6,t(edp_3)=ng_6,t(edp_4)=ng_6,$

$t(edp_5)=nt_5,t(edp_6)=nt_6,t(edp_7)=nt_7,t(edp_8)=ng_5,t(edp_9)=nt_8$。

根据以上定义,图 4.11 显示 Travel Agency 系统的目标模型被形式化后的图范畴模型。

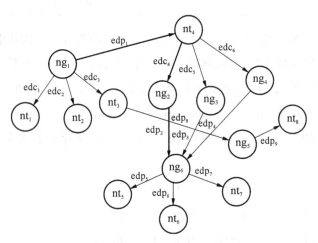

图 4.11　形式化 Travel Agency 系统目标模型的图范畴模型

表 4.7　Travel Agency 业务系统的图范畴结点描述

结　点	结点描述
ng_1	Gain Travel Options
ng_2	Provide Accommodation Service
ng_3	Provide Transportation Service
ng_4	Provide Tourist Attractions Service
ng_5	Payment Service
ng_6	Offer Travel Options
nt_1	Offer Travel Plan
nt_2	Select Travel Options
nt_3	Offer CC Information
nt_4	Provide Travel Options
nt_5	Provide Accommodation
nt_6	Provide Transportation
nt_7	Provide Tourist Attractions
nt_8	Verify Credit Card

（3）GRL 模型验证。图 4.11 清晰地显示了功能方面的因果联系可以通过意图关系来刻画，同时演示通过业务专家定义的正确目标紧邻序列。根据定义 4.6，分析图 4.11 显示的图范畴模型，结点 ng_1 为 Travel Agency 系统目标模型的初始对象，而结点 nt_1、nt_2、nt_3、nt_5、nt_6、nt_7、nt_8 为 Travel Agency 系统目标模型的终止对象，整个目标形式化模型系统存在着多条紧邻序列。包括

Neighbor$-S_1 = \{ng_1 \rightarrow nt_4 \rightarrow ng_2 \rightarrow ng_6 \rightarrow nt_5\}$，

Neighbor$-S_2 = \{ng_1 \rightarrow nt_4 \rightarrow ng_3 \rightarrow ng_6 \rightarrow nt_6\}$，

Neighbor$-S_3 = \{ng_1 \rightarrow nt_4 \rightarrow ng_4 \rightarrow ng_6 \rightarrow nt_7\}$，

Neighbor$-S_4 = \{ng_1 \rightarrow nt_3 \rightarrow ng_5 \rightarrow nt_8\}$，

Neighbor$-S_5 = \{ng_1 \rightarrow nt_4 \rightarrow ng_2 \rightarrow ng_6 \rightarrow nt_6\}$，

$$\text{Neighbor}-S_6=\{ng_1{\rightarrow}nt_4{\rightarrow}ng_2{\rightarrow}ng_6{\rightarrow}nt_7\},$$

……

可见，紧邻序列 Neihgbor － S_1，Neihgbor － S_2，Neihgbor － S_3，Neihgbor－S_4，这 4 个因果序列正好是 Travel Agency 业务系统提供给用户的 Accommodation 服务、Transportation 服务、Tourist Attractions 服务和 Payment 服务。虽然在该图中还存在 Neihgbor－S5，Neihgbor－S6 等因果序列，但是这些序列可以通过领域专家和业务分析员的专业知识确定该因果序列是不正确的。因此，图范畴模型中的所有正确因果序列可以覆盖 Travel Agency 业务系统中的所有功能方面的特征。

2. 业务场景建模

根据 GSP 建模过程的设计，业务场景模型层活动包括 grlToucm 模型转换、UCM 模型细化和完善、UCM 模型形式化和验证以及 UCM 模型反馈 4 个方面：

（1）grlToucm 模型转换。UCM 模型由 GRL 模型转换而来，执行 grlToucm 插件的结果如图 4.12(a)所示。该 UCM 模型只是用一条路径连接所有的目标对象和任务对象，目标模型中的所有意图关系都没有细化，导致这些意图关系都没统一的转换为 UCM 模型中的路径元素。显而易见该模型描述的 Travel Agency 场景状态是错误的。因此，通过转换而来的初始 UCM 模型需要业务分析员在 Eclipse 平台上使用 jUCMNav 插件进行手动完善和改进。

（2）UCM 模型细化和完善。场景模型的改进和完善需要执行如下活动：① 从初始 UCM 模型中识别出有用的场景责任点元素（Responsibility）和桩元素（stub），业务分析员首先要检查初始 UCM 模型中的每一个 Responsibility 元素和 Stub 元素是否是有用的且必需的。如果是有用的，检查命名是否正确，然后业务分析员根据业务系统的需求描述，结合自己的领域专业知识考虑是否还有其他的 Responsibility 元素或 Stub 元素被遗漏；② 重新分配构件；③ 整改路径分配；④ 确定 UCM 构件边界，并完善 UCM 模型。

通过执行以上 UCM 模型改进和完善的 4 个活动，图 4.12(b)显示 Travel Agency 系统改进后的 UCM 模型。通过对比图 4.12(a)和图 4.12(b)，执行第

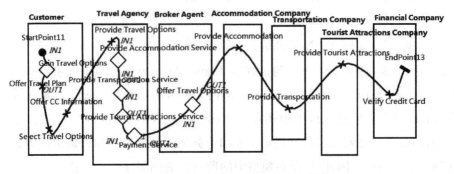

(a) 由 GRL 模型转换而来的初始 UCM 模型

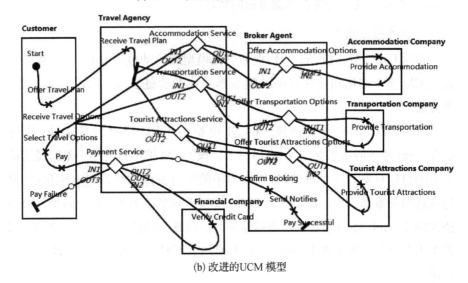

(b) 改进的 UCM 模型

图 4.12 UCM 建模

一步后,初始 UCM 模型中的一些 Responsibility 元素如 Offer CC Information、Provide Travel Options 由于在场景模型中代表的上下文情景是错误的,因此在改进后的 UCM 模型中被删除;由于初始 UCM 模型中的 Responsibility 元素不能完整的描述业务场景,因此添加了如 Receive Travel Options、Pay、Confirm Booking、Send Notifies 等责任点元素,并添加了 Offer Accommodation Options、Offer Transportation Options 和 Offer Tourist Attractions Options 桩元素。通过执行第二步操作将相关的 Responsibility 元素和 Stub 元素根据职责划分分配至相关的构件中,表示为该构件的行为;执行第三个活动步骤后,根据业务需求的描述增加场景路径元素和场景

结束点；通过 jUCMNav 插件执行第四个活动步骤后，形成完善的 UCM
模型。

图 4.12(b)显示 Customer 与业务系统之间关于旅行方案服务提供的场
景交互状态，该场景模型从 Customer 的角度出发，模拟当 Customer 向
Travel Agency 提出自己的旅行要求后，Travel Agency 为 Customer 提供服
务的场景状态。值得注意的是，Customer 在该场景模型中只与 Travel
Agency 产生交互。Travel Agency 提供 4 种不同的服务：Accommodation 服
务，Transportation 服务，Tourist Attractions 服务和 Payment 服务。这 4 种
服务在 UCM 模型中以 Stub 来标识，表示为 UCM 模型中的一个子场景
模型。

（3）UCM 模型形式化和验证。根据场景模型形式化定义执行
UCM2EPN 模型形式化插件，图 4.13 显示使用 EPN 模型形式化 Travel
Agency 系统的 UCM 模型结果。该 EPN 模型采用 Petri 网标准的验证技术，
如死锁和活性分析[83,124,152]证明该 UCM 模型是正确的。以死锁分析为例，从
带有标符的 inner place 开始，执行 page start 静态事件表明 Petri 网模型的开
始执行，根据 arrow 遍历图中的每一个 transition 事件，可以得到许多条活动
路径顺序。通过遍历结果可知，每一条路径都有其结束点，同时至少存在如下
4 条路径就可以遍历所有 Petri 网模型结点。例如，图 4.13 中黑色箭头连接的活
动顺序(P_1)就表示 Travel Agency 系统提供给用户的 Accommodation 服务。因
此图 4.13 所示的形式化 EPN 模型可以证明图 4.12(b)所示的 UCM 模型是正
确的。

P_1 = page start → Offer Travel Plan → Receive Travel Plan →
Accommodation Service net → Offer Accommodation Options
net → Provide Accommodation → Offer Accommodation Options
net → Accommodation Service net → Receive Travel Options →
Select Travel Options → Pay → Payment Service net → Verify
Credit Card → Payment Service net → Confirm Booking → Send
Notifies → page end.

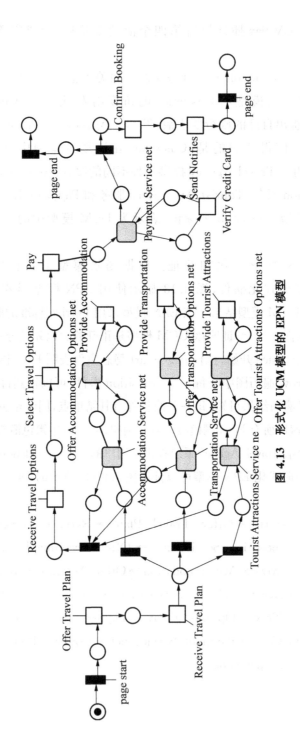

图 4.13 形式化 UCM 模型的 EPN 模型

P_2 = page start → Offer Travel Plan → Receive Travel Plan → Transportation Service net → Offer Transportation Options net → Provide Transportation → Offer Transportation Options net → Transportation Service net → Receive Travel Options → Select Travel Options → Pay → Paymnt Service net → Verify Credit Card → Payment Service net → Confirm Booking → Send Notifies → page end.

P_3 = page start → Offer Travel Plan → Receive Travel Plan → Tourist Attractions Service net → Offer Tourist Attractions Options net → Provide Tourist Attractions → Offer Tourist Attractions Options net → Tourist Attractions Service net → Receive Travel Options → Select Travel Options → Pay → Payment Service net → Verify Credit Card → Payment Service net → Confirm Booking → Send Notifies → page end.

P_4 = page start → Offer Travel Plan → Receive Travel Plan → Accommodation Service net → Offer Accommodation Options net → Provide Accommodation → Offer Accommodation Options net → Accommodation Service net → Receive Travel Options → Select Travel Options → Pay → Payment Service net → Verify Credit Card → Payment Service net → page end.

（4）UCM 模型反馈。初始 UCM 模型经过细化和完善活动后，此时的 UCM 模型与初始的目标模型相比，细化初始目标模型中各目标实现的因果场景、场景路径的备选方案、场景活动的参与对象以及场景交互状态。因而通过 UCM 建模活动增强对系统业务需求的理解，发现初始目标模型中相关目标和任务还存在不清楚或错误的情形，通过 UCM 模型可以进一步完善业务目标模型。

因此，UCM 模型完善 GRL 模型的这一过程，可以称为"模型反馈过程"。其反馈活动为：① 根据 GRL 模型至 UCM 模型映射中 Actor 与 Component 的对应关系，将完善后的 UCM 模型中所有的 Component 元素设计为 GRL 模型中的 Actor 元素；② 根据 GRL 模型至 UCM 模型映射中任务与责任点的对应关系，将完善后的 UCM 模型中所有的 Responsibility 元素设计为

GRL 模型中的 Task 元素;③ 根据 GRL 模型至 UCM 模型映射中目标与桩的对应关系,将完善后的 UCM 模型中所有 Stub 元素设计为 GRL 模型中的 Goal 元素;④ 找出完善后的 UCM 模型中的所有路径元素;⑤ 将所有 Task 元素和 Goal 元素分配至不同的 Actor 中,表明这些动作行为是由该 Actor 实施的;⑥ 根据路径元素确定这些 Task 元素和 Goal 元素之间的意图关系。如果路径元素为 andfork 或者 orfork,则确定连接该路径元素的结点之间存在 and 类型的 Decomposition 意图关系,或者存在 or 类型的 Decomposition 意图关系;如果路径元素为 andjoin 或者 orjoin,则确定连接该路径元素的结点之间存在 and 类型的 Contribution 意图关系,或者存在 or 类型的 Contribution 意图关系;如果路径元素为 DirectionArrow,则确定该路径元素的结点之间存在 Dependency 意图关系;如果两个责任点之间存在路径,则这两个结点元素之间存在 Correlation 意图关系。⑦ 确定 Contribution 意图关系类型和 Correlation 类型,完善 GRL 模型。

通过执行以上 7 个步骤模型反馈活动修改顶层的目标模型,其修改的目标模型如图 4.14 所示。所以,经过 UCM 模型反馈后,目标模型中各目标和任务更加明确,意图元素之间的意图关系更加清楚。而该模型的形式化和模型正确性验证与初始 GRL 模型一致,在此不再进一步说明。这一迭代过程说明场景的细化使得业务目标更加清晰,从而进一步完善目标模型,因此也使业务系统的业务需求变得越来越清晰和稳定,有利于业务系统中各角色的理解。

应当指出的是,虽然经过实施相关活动完成 CIM 抽象层次上的 GRL 建模和 UCM 建模,但从业务分析员和软件开发人员角度来说,这时的 GRL 模型和 UCM 模型并不能完整的代表业务系统本身的工作流细节,不能完整的描述不同参与者之间的交互细节和业务服务执行顺序。同时,GRL 模型和 UCM 模型也不是业务系统的最终业务领域模型。所以,为了明确业务系统的业务执行细节,完整的场景过程应该被进一步演绎和细化以实现 GRL 模型中的业务目标和 UCM 模型中的业务场景。因此,可以用 BPMN 模型去细化和演绎 UCM 模型中不能刻画的交互细节和执行序列。

3. 业务过程建模

根据 GSP 建模过程的设计,业务过程模型层活动包括 ucmTobpmn 模型转换、BPMN 模型细化和完善、BPMN 模型形式化以及 BPMN 模型验证 4 个方面。

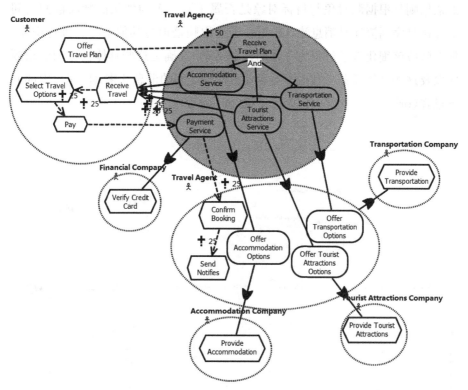

图 4.14　经过模型反馈活动的 GRL 模型

（1）ucmTobpmn 模型转换。BPMN 模型是由 UCM 模型转换而来，其转换后的初始 BPMN 模型见图 4.15 所示，该初始模型由一个开始事件和两个结束事件组成，每一个 Pool 中的内部业务过程都是不完整的。虽然 UCM 模型中的所有 Stub 元素被映射为 BPMN 模型中子过程，但由于 Accommodation Service、Transportation Service 和 Tourist Attractions Service 的服务由 Broker Agent 提供，因此在 CIM 抽象层次上的 BPMN 模型不需要进一步细化。而 Payment Service 的内部执行细节是由 Travel Agency 来实施，因此在该运行实例中 Payment Service 就应该被进一步细化，以展示该服务的完整执行细节。

（2）BPMN 模型细化和完善。设计如下活动实现初始 BPMN 模型的完善和改进：① 找出所有的直接参与者对象，这些对象必须是直接与 Travel Agency 系统交互的，而非直接交互的对象则可通过代理（agent）来实现交互；② 将场景流拆分为序列流（sequence flow）和消息流（message flow）。其拆分的依据则是根据源对象与目标对象是否属于同一个构件从而判断他们之间的连接是序列流还是消息流;③ 当一子过程频繁地与其他参与者进行交互,那么就应该细化该子过程为一系列任务活动,并确定这些具体任务的活动顺序以及这些具体任务与其他参与者任务活动之间的消息往来;④ 完善内部业务过程(private)和外部协作业务过程(public)。

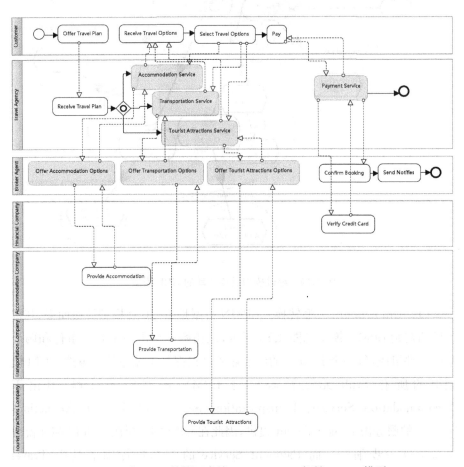

图 4.15 由 UCM 转换而来的 Travel Agency 初始 BPMN 模型

应用以上提出的 4 个活动步骤去细化和改进图 4.15 显示的初始 BPMN 模型。该模型中与 Travel Agency 系统直接进行交互的参与者包括 Customer、Broker Agent 和 Financial Company,而间接交互者 Accommodation Company、Transportation Company 和 Tourist Attractions Company 应该在 BPMN 模型中被舍弃,属于这些参与者的相关操作和活动

也会被删除,与之相连接的消息流和信息流也被删除。同时,由于 Payment Service 子过程频繁的与 Customer 和 Financial Company 的相关任务进行交互。因此,应该根据第三步活动步骤进一步细化 Payment 子过程。根据第四步活动,图 4.15 中所示的内部业务过程是不完整的,因此要完善所有参与者的内部业务过程,比如添加开始点和结束点,添加序列流表示业务执行顺序等。经过以上 4 个步骤的细化和改进活动,其完整的 BPMN 模型如图 4.16 所示。

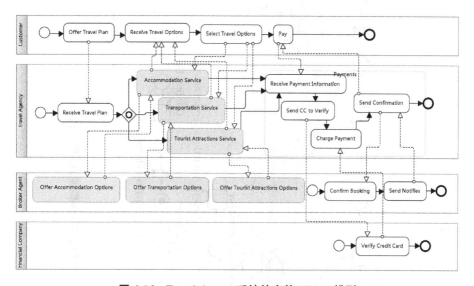

图 4.16　Travel Agency 系统的完整 BPMN 模型

(3) BPMN 模型形式化。图 4.16 所示的 Travel Agency 系统中包括 Customer、Travel Agency、Broker Agent 和 Financial Company 等 4 个直接参与者,显然 Travel Agency 提供包括 Accommodation 服务、Transportation 服务和 Tourist Attractions 服务,这些业务以子过程形式存在于 BPMN 模型中,同时也被映射为 EPN 模型中的子网模型。根据业务场景模型的形式化设计,形式化图 4.16 所示的 Travel Agency 系统的 BPMN 模型,其形式化 EPN 模型如图 4.17 所示。

(4) BPMN 模型验证。一方面将图 4.17 所示的形式化 BPMN 模型经过 PNML 语法检查,表明该 BPMN 模型描述的业务过程模型是正确的,不存在死锁、模型元素标识不完整等问题。另一方面利用定义 4.11,分析该模型的语义,得出如下活动顺序:

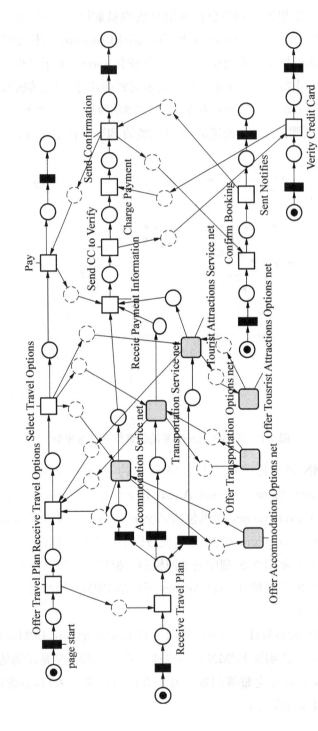

图 4.17 形式化 BPMN 模型的 EPN 模型

P_1＝page start→Offer Travel Plan→Receive Travel Options

　　→Select Travel Options→Pay →page end.

P_2＝page start→Receive Travel Plan→Accommodation Service net

　　→ Receive Payment Information → Send CC to Verify →
Charge Payment

　　→Send Confirmation→page end.

P_3＝page start→Receive Travel Plan→Transportation Service net

　　→ Receive Payment Information → Send CC to Verify →
Charge Payment

　　→Send Confirmation→page end.

P_4＝page start→Receive Travel Plan→Tourist Attractions Service net

　　→ Receive Payment Information → Send CC to Verify →
Charge Payment

　　→Send Confirmation→page end.

P_5＝page start→Confirm Booking→Send Notifies→page end.

P_6＝page start→Verify Credit Card→page end.

P_7 ＝ page start → Offer Travel Plan → Receive Travel Plan →
Accommodation Service net

　　→ Offer Accommodation Options net → Accommodation
Service net

　　→Receive Travel Options→Select Travel Options→Pay

　　→Receive Payment Information→ Send CC to Verify→ Verify
Credit Card

　　→Charge Payment → Send Confirmation→Confirm Booking→
Send Notifies

　　→Send Confirmation→Pay→page end.

P_8 ＝ page start → Offer Travel Plan → Receive Travel Plan →
Transportation Service net

　　→Offer Transportation Options net→Transportation Service net

　　→Receive Travel Options→Select Travel Options→Pay

　　→Receive Payment Information→ Send CC to Verify→ Verify

Credit Card

→Charge Payment→ Send Confirmation→ Confirm Booking→
Send Notifies

→Send Confirmation→Pay→page end.

$P_9 =$ page start→ Offer Travel Plan→ Receive Travel Plan→ Tourist
Attractions Service net

→ Offer Tourist Attractions Options net→ Tourist Attractions
Service net

→Receive Travel Options→Select Travel Options→Pay→Receive
Payment Information

→Send CC to Verify→ Verify Credit Card→ Charge Payment→
Send Confirmation

→Confirm Booking→Send Notifies→Send Confirmation→Pay→
page end.

可见,P_1,P_2,P_3,P_4,P_5,P_6 的事件序列都是由 inner place 条件连接而成,表示业务过程模型中的内部业务流程;而 P_7,P_8,P_9 3 条事件序列包括 inner place 条件和 outer place 条件,表明这 3 条事件序列表示的是外部业务协作过程,即完成 Accommodation 服务、Transportation 服务和 Tourist Attractions 服务。这 9 条事件序列使得所有的 silent transition、behaviour transition、inner place 和 out place 结点都被遍历,且涵盖 Travel Agency 系统的所有内部业务过程和外部业务协作过程。

4.5.3 建模结果分析

目前较为常用的 CIM 建模方法中,使用 BPMN 模型[18],价值模型,UML 用例模型[9]以及组合其中的几种模型[25]的 CIM 建模方法往往是建立在业务系统需求清楚、稳定的前提下,且主要从业务分析员和软件开发人员的角度进行详细业务建模。这种详细业务建模一方面没有考虑复杂业务系统中业务需求的变化性特征,另一方面也没考虑复杂业务系统中普通用户对业务需求理解的重要性。同时,由于当前 CIM 抽象层次模型没有统一的标准,具有较大的主观性,因而大多数建模方法没有考虑模型的正确性问题。即使如 TFM4MDA[38]和纯数学方法[61]等形式化业务建模方法可以检测功能需求的完整性,但这种形式化建模方法需要业务分析员具有良好的数学基础,因而使得形式化建模方法缺乏实用性。相反,提出利用众所周知的且易于掌握的建模语言,如 GRL,UCM 和 BPMN 通过逐步细化的方式,建立业务系统中所有用户都理解和掌握的 CIM 抽象层次模型。

根据以上 Travel Agency 业务系统的建模过程可知,应用 GSP 建模方法可以从初始业务需求着手,建立系统普通用户所理解的业务目标模型;然后,应用业务场景模型模拟系统的现实业务场景状态,进一步完善业务目标模型;这两个层次的模型经过多次迭代,业务需求会变得更加清晰且稳定,此时,将业务场景模型映射至业务分析员和软件开发人员都掌握的业务过程模型,并应用细化和完善活动建立系统的详细业务过程和协作交互过程。由其建模结果可以得出,应用 GSP 建模方法可以为 Travel Agency 业务系统建立正确的、一致性的且被业务系统所有类型用户所理解和掌握的 CIM 抽象层次模型。因此,本书提出的 GSP 多层次建模方法支持利用元模型实现顶层的 GRL 模型至底层的 BPMN 模型的自动映射,以及支持利用提出的细化和完善活动,实现初始目标模型逐步细化为完整的业务过程模型。

由此可见,提出的 GSP 多层次建模方法与其他 CIM 建模方法相比,一方面其逐步细化加迭代的业务建模过程使得业务需求越来越清晰和稳定,不断地减少业务系统用户与业务分析员之间的“gap”,使得最终的 CIM 模型更加符合用户的需求;另一方面不同层次的业务模型有利于业务系统中不同利益相关者对业务模型的理解。比如在业务目标层,强调系统普通用户最原始的需求,提取业务系统满足用户的最初始的目标;而在业务场景层,通过对业务实现的场景模拟,加深了普通用户对业务目标实现过程的理解,同时也有利于业务分析员对普通用户业务需求的分析;而业务过程层,对业务场景中活动结点执行顺序的确定,以及这些活动结点之间交流信息的确定有利于软件开发人员理解业务执行的工作流程和交互细节。因此,GSP 多层次建模方法从用户的角度描述业务需求,使得在实现业务系统功能时更好的符合用户的要求。同时,定义的 GSP 形式化方法和开发的形式化插件,一方面可以保证各模型的正确性而不需要业务分析员拥有高深的数学理论知识;另一方面其形式化模型也支持制定形式化验证策略验证 GRL 模型与 UCM 模型、UCM 模型与 BPMN 模型之间的一致性(参见第 6 章)。

4.6　本章小结

　　本章首先定义扩展 Petri 网模型的元模型结构和各层次模型的形式化规则，然后，制定高层模型至下一层模型的映射规则和执行，设计多层次模型逐步细化的建模活动。最后，应用实例演示利用该建模方法，如何实现业务系统的完整 CIM 抽象建模。通过实例演示，在 GSP 建模框架中经过目标模型和场景模型两个层次的建模，执行提出的 GRL 建模活动、UCM 模型完善和改进活动以及 UCM 模型反馈活动这一不断细化、求精的迭代过程，使得业务需求从业务建模初期的粗粒度需求模型逐步到业务需求细化模型，业务需求也变得越来越清晰和稳定。同时，经过形式化 GSP 框架中的业务目标模型、业务场景模型和业务过程模型，确保每一层的模型的正确性，同时各层次模型之间也能保持良好的一致性。

第 5 章

CIM 模型至 PIM 模型的转换

基于 MDA 的研究中,PIM 抽象层次上的模型采用 UML2.0 来表示已经成为众多研究人员建立 PIM 抽象层次模型的标准。本书仍然遵循这一标准规范,通过添加 UML 活动图、UML 时序图中的相关元素达到平台无关视图的建模。在完整 CIM 抽象层次建模基础上,建立 PIM 抽象层次模型以及应用模型驱动开发技术实现 CIM 模型至 PIM 模型的转换。因此,本章首先定义 CIM 模型至 PIM 模型转换结构;然后定义 PIM 抽象层次上的元模型结构,并根据元模型结构定义 CIM 模型至 PIM 模型的转换。由于工作流在业务系统中占有举足轻重的作用,因此本章重点解决如何利用形式化模型将 CIM 抽象层次上的工作流模型自动转换为 PIM 抽象层次上的工作流模型。

5.1 CIM 模型至 PIM 模型转换框架

MDA 框架提出一系列从 CIM 层次至 PIM 层次,再到 PSM 层次的模型。通过映射规则,可以有效地减少高层次抽象模型与具体实现技术之间的"gap"。在模型驱动开发过程中主要基于两个方面视图:业务视图和信息视图,业务视图聚焦于待建信息系统的特征和需求,以 CIM 层次模型代表;信息视图聚焦于为了实现业务视图中的业务需求而需要被执行的功能和过程,以 PIM 和 PSM 层次代表。因此,在 CIM 层次上,提出用 GRL、UCM 和 BPMN 等 3 个众所周知的模型及其模型标记分别代表业务目标模型、业务场景模型和业务过程模型;在 PIM 抽象层次上,提出使用用例(usecase)模型、业务组成模型、业务交互模型和类模型分别描述信息系统的功能、工作流、交互行为和静态结构信息。其中业务组成模型通过扩展 UML 活动图模型描述,交互模型则由 UML 时序图模型描述;而 PSM 抽象层次由扩展服务组成模型、Web 服务结构模型和数据库模型来描述。

　　CIM 模型至 PIM 模型转换的结构如图 5.1 所示,图中粗线部分显示本书提出的自动模型转换方法,该方法的关键在于利用 EPN 模型作为中间模型,实现 CIM 至 PIM 模型工作流的自动转换。所以,基于形式化模型自动转换的提出主要基于以下几点考虑:

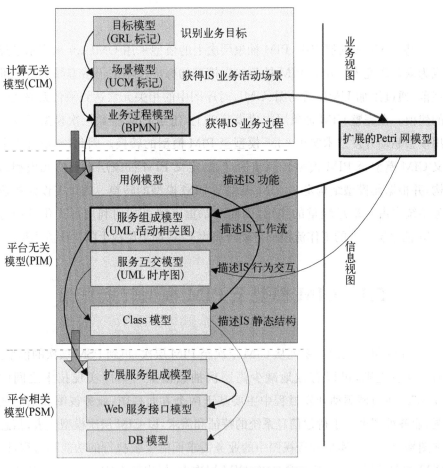

图 5.1　CIM 至 PIM 模型转换框架

　　(1)与其他典型的转换规则和转换执行方法相比,基于形式化的转换方法更简练。

（2）该转换方法支持高层次业务过程模型至代码自动生成。

（3）该转换方法使得 MDD 过程中每一个层次模型不会产生二义性问题。

因此，本章的模型转换部分的重点主要集中在工作流视图，描述以 BPMN 模型代表的 CIM 模型自动转换至服务组成模型代表的 PIM 行为模型。

5.2　PIM 模型

PIM 模型可以通过 CIM 模型中系统功能和业务过程的提出，从而有效的识别出系统的业务服务，描述系统的功能和结构。因此，PIM 抽象层次上以用例（UseCase）模型代表信息系统的功能、以业务组成模型代表信息系统的工作流、以业务交互模型代表信息系统的交互行为以及以类模型代表信息系统的静态结构。因此，本小节介绍 PIM 抽象层次模型的元模型定义。

5.2.1　UseCase 模型

用例模型作为系统的行为模型，用于描述系统需要实现某个业务服务的功能。PIM 抽象层次上的服务在用例模型中可以表示为一个用例，用例模型在本书中以 UML 用例技术来表示。图 5.2 显示了用例模型的元模型结构，在该模型中，终端用户（end consumer）代表用例的参与者（actor）；基本用例（basic usecase）代表由系统执行的实现部分业务服务的一组动作；组成用例（composite usecase）代表由系统执行的一组可被分解成不同基本用例的动作。基本用例和组成用例在 UML 用例中表示为一个用例，而 include 和 extend 关系可以识别不同用例之间的关系。该模型的语义与传统的 UML 用例模型的语义一致，如一个 include 关系指定基本用例与包含用例的关系；而 extend 关系表示将基本用例中一段相对独立并且可选的动作，用扩展（extension）用例加以封装，扩展用例往往从基本用例中声明的扩展点（extension point）上进行扩展，从而使基本用例行为更简练和目标更集中。特别的是在本书中通过添加业务服务（Business Service）、基本用例（basic usecase，BU）和组成用例（composite usecase，CU）元素扩展了 UML 用例元模型，使其描述业务系统中实现相关业务服务的功能。

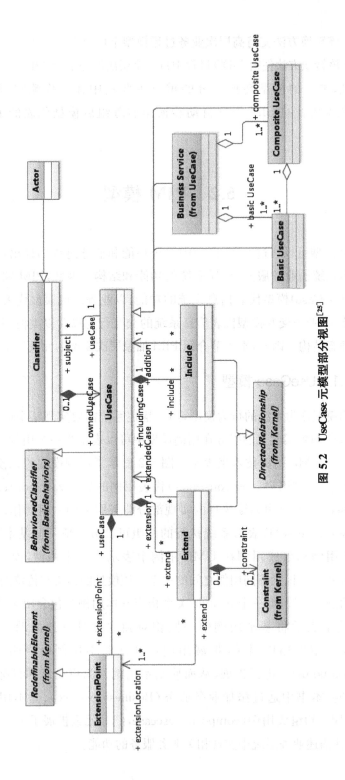

图 5.2 UseCase 元模型部分视图[25]

5.2.2　服务组成模型

服务组成模型(service composition model,SCM)是 PIM 抽象层次上描述业务系统的工作流细节的模型,对业务服务的实现起着至关重要的作用。该模型标识业务过程中参与协作活动的相关实体,识别为了实现业务服务所必须执行的相关操作(activity partition),以及分类和区分每个业务实体所执行的操作(actions)。因此,SCM 描述实现一个业务服务而执行一系列逻辑相关的活动过程,其中每一个被识别的操作作为服务活动的一部分描述一个基本的行为单元。SCM 的元模型结构如图 5.3 所示,该模型元素包括活动(activity)、活动节点(activity node)、活动边(activity edge)、控制流(control flow)和对象流(object flow)等。由于 UML2.0 作为软件分析人员和软件开发者都熟悉的标准化建模语言,因此本书提出使用 UML 活动图代表 SCM。SCM 初始模型由 CIM 层次上的 BPMN 模型转换而来,聚焦于服务过程和服务活动。其中,服务过程代表模型本身;而服务活动代表其业务服务的执行流行为,在活动图(activity diagram)中表示为一个活动。

5.2.3　服务交互模型

交互往往使用在多种不同的场合,交互能够更好地获取一个单独人员的交互场合或一个团队需要完成一个场景的通用理解。服务交互模型(service interaction model,SIM)描述服务对象之间为了完成某个业务服务而进行的一系列活动的执行顺序,以及描述服务对象之间传递消息的时间顺序,因而表示场景中的行为顺序。图 5.4 显示 SIM 模型的元模型结构,该模型的元素包括服务对象(service entity)、网关(gateway)、消息(message)、生命线(life line)、事件和事件描述(occurrence specification)等元素。其中,生命线元素代表一个服务交互过程中出现的服务实体;而消息元素表示在一个服务交互中服务实体之间的交流信息;交互是服务行为的一个单元,聚焦于可连接实体之间信息交换;网关表示业务任务在相关条件下的控制逻辑。该模型是由 CIM 层次上的 BPMN 模型转换而来,并在模型细化过程中加入更多服务交互细节。

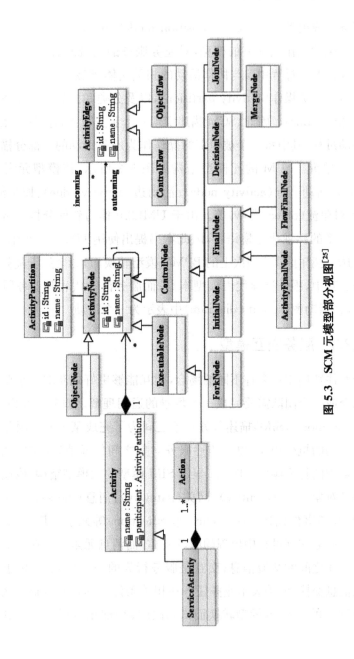

图 5.3 SCM 元模型部分视图[25]

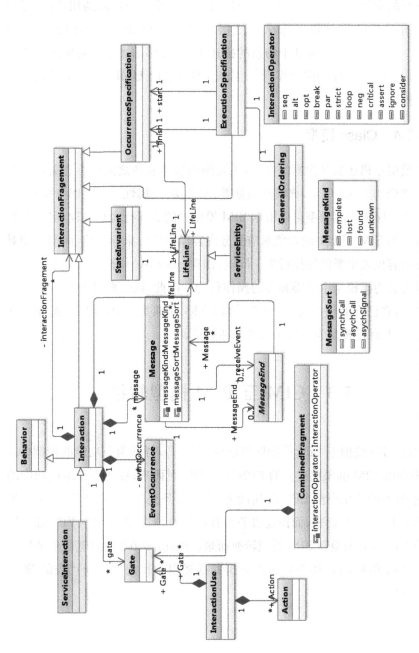

图 5.4　服务交互模型的元模型[121]

SCM 是从系统的角度出发,描述相关业务实体为了实现某个业务目标而参与交互的完整细节。交互作为一个理解和生产描述系统的通用机制,能够表达现有系统的设计以及未来系统潜在终端用户和参与者的细节。而 UML2.0 时序图作为一种基于场景的描述语言,能够描述系统对象之间的交互消息传递以及事件响应顺序[188]。因此,本书是以 UML2.0 时序图代表服务交互模型。

5.2.4　Class 模型

类模型是描述服务内容的模型,主要刻画服务实体之间的静态关系。其元模型结构如图 5.5 所示,该模型包括类、服务实体、属性、操作、服务操作、联系等元素。服务内容模型可以根据 SIM 模型中的交互行为和过程,定义其服务内容。如 SIM 模型中的对象对应服务内容模型中的服务实体,而消息则对应服务内容模型中类的操作行为。同时,用例(usecase)模型中的参与者和用例可以定义为类模型中的类和类的操作行为。因此,该模型以 UML2.0 类图模型表示,在已有的相关研究[11,189-190]和 OMG 标准文档中,类图模型能够在 PSM 层次上直接转换为数据库的实体和关系。

5.3　CIM 至 PIM 模型转换

根据 CIM 模型至 PIM 模型转换框架(图 5.1),描述服务功能的用例(usecase)模型由 CIM 抽象层次上的 BPMN 模型映射而来;描述服务组成功能的 SCM 模型由形式化模型 EPN 转换而来;描述服务交互功能的 SIM 模型由形式化模型 EPN 转换而来;而描述服务内容功能的 SCM 模型则由 PIM 抽象层次上的 UseCase 模型和 SIM 模型转换而来。因此,本节描述这些映射的转换规则定义和转换执行,特别是重点分析和描述以工作流视图为代表的 SCM 模型的映射。

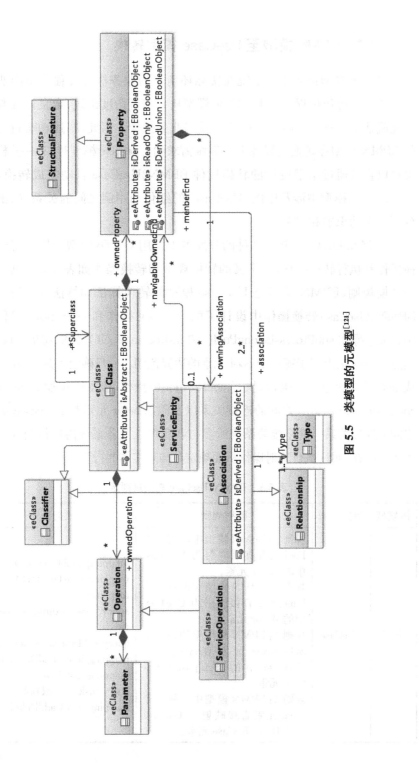

图 5.5　类模型的元模型[121]

5.3.1 BPMN 模型至 UseCase 模型转换

BPMN 模型描述业务系统在实际环境中的业务执行过程及不同业务参与者之间的协作过程。而 UseCase 模型从参与者角度出发,定义该参与者为了完成某个业务服务需要进行的一系列业务操作。因此,描述动态行为过程的 BPMN 模型在转换为描述业务系统需求的 UseCase 模型时,有一些模型元素可以直接通过本书设计的转换插件 BPMN2UseCase 自动完成转换,而关于 UseCase 模型中涉及用例(UseCase)的细化和用例之间的关系,则由业务分析员手动识别和完善。

BPMN2UseCase 转换插件的开发本书采用 QVTo 模型转换语言定义转换操作和执行转换操作,其定义的转换规则和转换操作如表 5.1 所列。根据该转换规则,BPMN 模型至 UseCase 模型的转换算法如算法 5.1 所示。在 BPMN2UseCase 转换操作中设计了两个 query 操作和一个 inout 操作。其中,query 操作 subProcessBelongPool()和 taskBelongPool(),分别判断 subprocess 结点和 task 结点属于哪一个 pool 元素的边界范围。一旦确定了某个 subprocess 或 task 结点的边界范围,就执行 addRelation()操作,该操作添加 actor 元素与 compositeusecase 元素之间的连接关系以及添加 actor 元素与 basicusecase 元素之间的连接关系。该连接关系表示参与者实体在业务系统内进行交互的关联关系。因此,通过执行映射操作从而确定参与者实体的行为。

表 5.1　BPMN2UseCase 转换规则定义

源模型	目标模型	映射规则	映射操作
BPMN	UseCase	规则 1:BPMN 模型中的每一个 Pool 元素直接映射为 Use Case 中的 Actor 元素。 规则 2:BPMN 模型中的每一个 Lane 元素直接映射为 Use Case 中的 Actor 元素。 规则 3:BPMN 模型中的每一个 SubProcess 元素直接映射为 UseCase 中的 Composite Use Case 元素。 规则 4:BPMN 模型中的每一个 Task 元素直接映射为 UseCase 中的 BasicUseCase 元素。	mapping poolToactor() mapping laneToactor() mapping subprocessTocompositeusecase() query subProcessBelongPool() mapping inout addRelation() mapping taskTobasicusecase() query taskBelongPool() mapping inout addRelation()

算法 5.1　BPMN 模型至 UseCase 模型的映射算法

Input:

A BPMN model bpmninstance.bpmx

Output:

A UseCase model usecaseinstance.ucd

begin

/* 假设 $p_i.P = \{p_1, p_2, p_3, \cdots\}$,

* 构造 bpmninstance.bpmx 文件中的 pool 结点集合;

* 假设 $a_i.A = \{a_1, a_2, a_3, \cdots\}$,

* 构造 usecaseinstance.ucd 文件中的 actor 结点集合.

* /

1. **for each** Pool p_i in $p_i.P$ **do**

　　//将 pool 结点的 name 和 id 值赋值给 actor 结点

　　$a_i.name := p_i.name$;

　　$a_i.id := p_i.id$;

　end for

/* 假设 $l_i.L = \{l_1, l_2, l_3, \cdots\}$,

* 构造 bpmninstance.bpmx 文件中的 lane 结点集合

* /

2. **for each** Lane l_i in $l_i.L$ **do**

　　　//将 lane 结点的 name 和 id 值赋值给 actor 结点

　　$a_i.name := l_i.name$;

　　$a_i.id := l_i.id$;

　end for

/* 假设 $sp_i.SP = \{sp_1, sp_2, sp_3, \cdots\}$,

* 构造 bpmninstance.bpmx 文件中的 subprocess 结点集合;

* 假设 $cu_i.CU = \{cu_1, cu_2, cu_3, \cdots\}$,

* 构造 construct usecaseinstance.ucd 文件中的 composite usecase

* 结点集合

* /

3. **for each** SubProcess sp_i in $sp_i.SP$ **do**

　　　//将 subprocess 结点的 name 和 id 值赋值给 composite usecase 结点

　　　$cu_i.name: = sp_i.name;$

　　　$cu_i.id: = sp_i.id;$

　　　Pool poolinstance $= sp_i.BusinessActor();$

　　　//增加 composite usecase 与 poolinstance 实例之间的关系

　　　Create a association $assoc_i$ between cu_i and poolinstance;

　end for

/* 假设 $t_i.T = \{t_1, t_2, t_3, \cdots\}$,

* 构造 bpmninstance.bpmx 文件中 task 结点集合

* 假设 $bu_i.BU = \{bu_1, bu_2, bu_3, \cdots\}$,

* 构造 usecaseinstance.ucd 文件中的 basic usecase 结点集合

* /

4. **for each** Task t_i in $t_i.T$ **do**

　　　$bu_i.name: = t_i.name;$　//将 task 结点的 name 和 id 值赋值给 basic usecase 结点

　　　$bu_i.id: = t_i.id;$

　　　Pool poolinstance $= t_i.BusinessActor();$

　　　Create a association $assoc_i$ between bu_i and poolinstance; //增加 basic usecase 与

　　　//poolinstance 实例之间的关系

　end for

end

5.3.2　EPN 模型至 SCM 模型自动转换

1. 自动模型转换过程

设计 EPN 模型作为"桥"模型,连接 CIM 层次上的工作流模型和 PIM 层次上的工作流模型。其使用 EPN 模型作为"桥"模型主要基于以下两点:

(1)虽然当前有许多关于 CIM 至 PIM 模型转换的研究,但这些研究大多

都是半自动化的方式执行,且缺少标准化建模工具;

(2)用形式化转换方法有利于保证 CIM 模型的完整性和正确性,同时也能保持 CIM 模型和 PIM 模型在语义上的一致性。

该模型转换采用自动转换方式实现,因此需要详细分析 EPN 模型元素的特点和 SCM 模型元素的特点,从而制定 EPN 模型与 SCM 模型之间的映射规则。图 5.6 显示以 EPN 模型为"桥"模型的 CIM 至 PIM 形式化模型自动转换过程。该转换过程涉及 BPMN2ExtendPetrinets 插件和 ExtendPetrinets2SCM 插件的开发。其中,BPMN2ExtendPetrinets 插件的功能是执行 BPMN 模型形式化;而 ExtendPetrinets2SCM 插件的功能是将形式化后的 BPMN 模型转换为 SCM 模型。

2. EPN 模型元素和 SCM 模型元素分析

EPN 模型元素中,一个带有标符(token)的 inner place 连接一个 silent transition 表示一个 Petri 网的开始,该 inner place 没有输入弧(incoming arc);一个没有输出弧(outgoing arc)的 inner place 连接一个 silent transition 表示 Petri 网的结束;一个 silent transition,其前置条件和后置条件都有输入弧和输出弧,则表明该 silent transition 为 Petri 网模型中的决策、合并等操作。而 behaviour transition 代表 Petri 网模型中的执行操作。

对比 SCM 元模型的定义和 SCM 语义说明[121],一个 action 结点表示为一个原子活动代表操作的执行,典型的表示为一个操作的调用;ServiceActivities 结点在 SCM 模型中被标识为一个活动,代表了实现一个特殊业务服务的行为。该服务活动可能是一个 action 也可能是一组 action;ActivityPartitions 结点在系统建模时表示为内部或外部系统,常用于表示业务模型中的组织结构单元。对于 SCM 模型中的控制结点元素,decision 结点可以通过标记不同的条件来设置多个活动(activity)结点输出;fork 结点的所有 activity 结点输出都应该被执行,意味着 activity 结点进入一个或多个明确的执行结点区域;一个 merge 结点有两个及以上的输入流和一个输出流,输入流上连接的是不同 activity 结点,表示将不同区域的执行操作合并为一个执行结果;而 join 结点则与 merge 结点不同,join 结点没有条件制约,其输入流连接的是几个不同的 inner place 结点,表示将不同区域的执行结果合并。

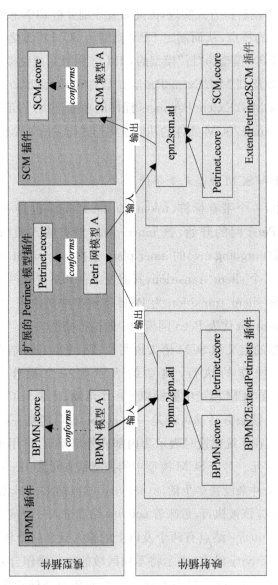

图 5.6 CIM 至 PIM 的形式化模型转换过程

根据以上 SCM 模型的元素分析,该模型中的活动边(control flow and object flow)有以下特点:

(1) 一个 initial 结点只有一个输出控制流;

(2) 一个 end 结点只有一个输入控制流;

(3) 一个 action 结点应该有一个输入控制流和一个输出控制流;

(4) 一个 decision 结点应该有一个输入控制流和多个输出控制流;

(5) 一个 merge 结点应该有多个输入控制流和一个输出控制流;

(6) 一个 fork 结点应该有一个输入控制流和多个输出控制流或对象流;

(7) 一个 join 结点应该有多个输入控制流或对象流和一个输出控制流。

3. 映射规则

结合以上 SCM 模型元素特点和 EPN 模型元素特点,定义了一组使用自然语言和 ATL 语言描述的 EPN 至 SCM 的映射规则。该映射规则如表 5.2 所列,同时 EPN 至 SCM 模型元素的图标记转换见图 5.7 所示。在映射设计中利用 silent transition 描绘业务服务过程的开始、结束和行为路线 3 种情形,为了区分 silent transition 的 3 种不同情形,连接 silent transition 的输入弧和输出弧需要被重点的考虑。因此,如果一个 silent transition 结点的输入

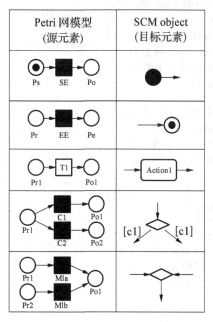
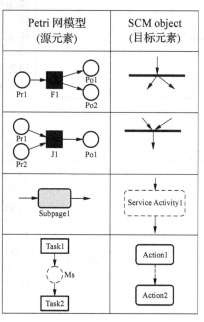

图 5.7　EPN 模型模块至 SCM 模型模块的映射

弧,连接的 inner place 结点带有 token 标志,且该 inner place 结点没有输入弧,则该 silent transition 结点代表业务服务的开始;如果一个 silent transition 结点的输出弧,其连接的 inner place 结点没有输出弧,则该 silent transition 结点代表着服务的结束;除了这两种情形外,其余的 silent transition 结点都表示业务服务流的行为路线。

因此,ExtendPetrinets2SCM 插件中设计了 helper 操作(如 getSource(),getTarget())获取连接弧的源结点和目标结点,同时设计其他 helper(如 isInnerPlace,isSilentTransition)去判断源节点和目标结点的类型。值得注意的是,如果 EPN 模型中的 subpage 元素是一个只有一个开始结点和一个结束结点的完整 EPN 模型,其 subpage 的映射规则与 EPN 模型的映射一致;如果该 subpage 元素没有被进一步细化为一个 EPN 模型,那么该 subpage 元素将被直接映射为 SCM 模型中的一个 service activity 结点,该 service activity 结点应该在 PIM 抽象层次上由业务分析员手动细化和完善。

表 5.2   EPN 模型至 SCM 模型映射的规则和操作

源元素(EPN)	目标元素(SCM)	映射规则	ATL 映射操作
Silent Transition	Initial Node	一个没有输入流且带有标符(token)的 inner place 连接一个 silent transition,被定义为活动的开始,该 silent transition 被直接映射为 SCM 模型中的 initial 状态结点。	rule silenttransition2 initialstate helper getSource() helper getTarget()
Silent Transition	End Node	一个没有任何输出流的 inner place 被连接至一个 silent transition,本书考虑这种情形表示活动的结束,该 silent transition 被直接映射为 SCM 模型中的 end 状态结点。	rule silenttransition2 endstate helper getSource() helper getTarget()
Behaviour Transition	Action	EPN 模型中的每一个 behaviour transition 元素被直接映射为 SCM 模型中的 action 元素。	rule behaviourtran sition2acition

源元素(EPN)	目标元素(SCM)	映射规则	ATL 映射操作
Inner Place	Control Flow	EPN 模型中一个具有一对连接弧(input arc 和 output arc)的 inner place 元素被直接映射为 SCM 模型中的 control flow 元素。	rule innerplace2 controlflow helper getSource() helper getTarget()
Outer Place	Object Flow	EPN 模型中一个具有一对连接弧(input arc 和 output arc)的 outer place 元素被直接映射为 SCM 模型中的 object flow 元素。	rule outerplace2 objectflow helper getSource() helper getTarget()
Silent Transition	Decision Node	EPN 模型中的一个 inner place 通过两个输出弧分别连接 silent transition 结点,这种情形可以映射为 SCM 模型中的 decision fork 结点,其每一个 silent transition 被映射为 decision 的分支。	rule silenttransition2 decisionnode helper getTarget() helper isSilentTranstion
Silent Transition	Merge Node	EPN 模型中的一个 inner place 通过两个输入弧分别连接 silent transition 结点,这种情形可以映射为 SCM 模型中的 decision join 结点,其每一个输入分支被合并为一个 Merge 结点。	rule silenttransition2 mergenode helper getSource() helper isSilentTranstion
Silent Transition	Fork Node	EPN 模型中的一个 silent transition 有多个平衡的输出弧,连接这些输出弧的目标结点可能是 inner place,也可能是 outer place,这种情形表示为 SCM 模型中的 fork 操作,因此将产生一个 fork 结点在 SCM 模型中。	rule silenttransition2 fork helper getTarget() helper isInnerPlace

源元素(EPN)	目标元素(SCM)	映射规则	ATL 映射操作
Silent Transition	Join Node	EPN 模型中的一个 silent transition 有多个平衡的输入弧,连接这些输入弧的目标结点可能是 inner place,也可能是 outer place,这种情形表示为 SCM 模型中的 join 操作,因此将产生一个 join 结点在 SCM 模型中。	rule silenttransition2 join helper getSource() helper isInnerPlace
OI	Activity Partition	EPN 模型中的每一个 OI 元素被直接映射为 SCM 模型中的 activity partition 元素。	rule oi2activityparition
GI	Activity Partition	EPN 模型中的每一个 GI 元素被直接映射为 SCM 模型中的 activity partition 元素。	rule oi2activityparition
Subpage	Service Activity	EPN 模型中的每一个 subpage 元素被直接映射为 SCM 模型中 service activity 元素。	rule subpage2 serviceactivity

4. 自动映射执行

在 ExtendPetrinets2SCM 转换插件中设计了 epn2scm.atl 程序实现模型自动转换。图 5.8 显示了 EPN 模型至 SCM 模型转换的部分视图,以行为事件(behaviour transition)结点至操作(Action)结点的映射为例,其 behaviour transition 元素的 id 和 name 属性值,被直接映射为 SCM 模型中的 action 元素的 id 和 name 属性值(第 110~111 行)。而内部条件(inner place)结点的转换,首先设计一个条件(输入弧和输出弧是否为空)去判断 inner place 如何映射为控制流(control flow)(第 117 行),该条件用于区分 Petri 网模型的开始 inner place 和结束 inner place。然后,将这两种不同条件的 inner place 元素的 id 和 name 属性值直接映射为 control flow 的 id 和 name 属性值(第 121~122 行)。同时设计两个 helpers 去获取输入弧的源结点信息和输出弧的目标结点信息,helpers 执行后的返回值将分别映射为 control flow 元素的源结点和目标结点。

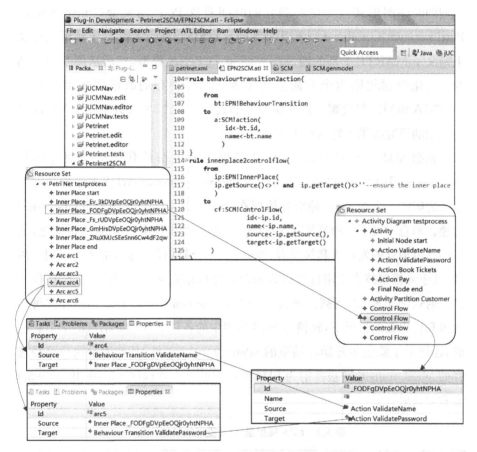

图 5.8　EPN 模型映射至 SCM 模型的部分视图和
innerplace2controlflow 映射的 ATL 代码摘录

5.3.3　EPN 模型至 SIM 模型自动转换

SIM 模型描述业务系统中用户与客户端应用之间的外部交互及系统内部对象之间的内部交互。因此该模型也属于业务系统的行为模型。在 UML 时序图形式化研究中，Faria 等[88] 提出利用基于事件的着色 Petri 网形式化 UML 时序图的方法，该方法的形式化过程为：利用基于事件的着色 Petri 网模型自动生成时序图的测试代码，并利用 Petri 网模型的可视化功能返回测试结果。该研究中详细定义了 UML 时序图映射至基于事件的着色 Petri 网模型的映射规则,并分析 Petri 网模型的执行结果。而 Yang 等[92]将 MARTE 类型的时序图形式化为带抑制弧的时间着色 Petri 网模型(timed colored Petri nets with inhibitor arcs,TCPNIA),在形式化过程中,首先从形式语义上定义了 MARTE 类型的时序图模型和 TCPNIA 模型,然后从图映射规则和形式化映射规则两个方面描述了 MARTE 类型的时序图模型映射至 TCPNIA 模型映射规则。这些研究为形式化的 EPN 模型映射至 UML 时序图模型的研究提供很好的技术基础。

根据 SIM 元模型的定义,SIM 模型中的生命线代表一个服务实体(service entity)存在的时间,服务交互(Service Interaction)代表用户与业务系统之间的一个交互,这种交互体现在两个服务实体之间的消息(message)传递。消息定义了一种特定形式的沟通,不但指出沟通方式的执行描述,而且还指定消息的发送者和接受者,因而消息在 SIM 模型起着重要的作用。因此,基于元模型技术使用自然语言和图形化标记定义 EPN 模型至 SIM 模型的映射规则如表 5.3 所列。该表 5.3 展示 behaviour transition 结点在多种输入弧和输出弧的情形下,转换为 SIM 模型中的各种 message 结点的细节。同时,还展示了除表示开始和结束的 silent transition 外,其他表示执行路径选择的 silent transition 被映射为 SIM 模型中的组合片段(Combinedfragment)元素的映射规则。

表 5.3   EPN 模型至 SIM 模型的映射规则

源模块(EPN)	映射规则	目标模块(SIM)
	一个带有标符(token)的 inner place 且没有输入弧连接一个 silent transition,表示一个 Petri 网的开始。因此该种情形的 silent transition 被映射为 SCM 模型中一个 lifeline 元素,其 lifeline 元素的名称则由 EPM 模型中该 silent transition 所属的 OI 元素的名称映射而来。	
	一个 behaviour transition 元素只有一个输入弧和一个输出弧,且该 behaviour transition 元素的前置条件和后置条件都为 inner place,则该元素被直接映射为 SIM 模型中的一个自关联消息。	

源模块（EPN）	映射规则	目标模块（SIM）
	一个 behaviour transition 元素如果存在一个输出弧，且连接该输出弧的后置条件为 outer place，则该 behaviour transition 元素将被映射为一条同步调用消息（synchCall），消息的发送者为 behaviour transition 所属的 OI，而消息的接收者为连接该后置条件 behaviour transition 所属的 OI。	
	一个 behaviour transition 元素如果存在一个输入弧，且连接该输出弧的前置条件为 outer place，则该 behaviour transition 元素将被映射为一条同步调用返回消息（synchCall），消息的发送者为连接该前置条件 behaviour transition 所属的 OI，而消息的接收者为 behaviour transition 所属的 OI。	
	一个 behaviour transition 元素其输入弧和输出弧连接的是同一个 inner place，则将该 behaviour transition 映射为 SIM 模型中的一个 loop 片段。	
	一个 inner place 通过两个输出弧分别连接 silent transition 结点，这种情形可以映射为 SIM 模型中的 alt 组合片段，其中每个 silent transition 结点映射为该组合片段中的条件。	
	一个 silent transition 有多个平衡的输出弧，连接这些输出弧的目标结点可能是 inner place，也可能是 outer place，这种情形可以映射为 SIM 模型中的 par 组合片段中的 fork 结点。	
	一个 silent transition 有多个平衡的输入弧，连接这些输入弧的目标结点可能是 inner place，也可能是 outer place，这种情形可以映射为 SIM 模型中的 par 组合片段中的 join 结点。	

源模块（EPN）	映射规则	目标模块（SIM）
	一个 inner place 通过两个输入弧分别连接 silent transition 结点，本书设计这种情形映射为 SIM 模型中 opt 组合片段，其中每一个 silent transition 表示为 opt 选项。	

其多种 behaviour transition 结点转换为 message 的算法如算法 5.2 所示,该算法的设计思想为:如果 behaviour transition 结点的输入弧和输出弧连接的都是 inner place,则需要转换为自关联消息,即消息的发送者和接收者都是 behaviour transition 结点所属的 OI 对象;如果 behaviour transition 结点的输入弧连接的是 outer place,则表明转换后的消息应该是两个不同服务实体之间的交互,该 behaviour transition 结点所属的 OI 实体是消息的接收者;如果 behaviour transition 结点的输出弧连接的是 outer place,则表明转换后的消息也应该是两个不同服务实体之间的交互,该 behaviour transition 结点所属的 OI 实体是消息的发送者。然而消息的种类包括同步调用消息（synchCall）、异步调用消息（asynchCall）和异步发送消息（asychSignal）。因此,转换后的消息还需要系统分析员手动调整。

算法 5.2　EPN 模型至 SIM 模型自动转换的映射算法

Input:

　　An EPN model epninstance.pnml

Output:

A SIM model siminstance.sqd

begin

/* 假设 $bt_i.T = \{bt_1, bt_2, bt_3, \cdots\}$,

* 构造 epninstance.pnml 文件中的 behavior transition 结点集合;

* 假设 $a_i.A = \{a_1, a_2, a_3, \cdots\}$,

* 构造 epninstance.pnml 文件中的 arc 结点集合.

* /

1. **for each** Behavior Transition bt_i in $bt_i.T$ **do**

　　　int i = 0, j = 0;

Organization Identifier oi = bt$_i$. belongtoOI( );

//创建一个 tset 集合保存目标结点为 oi 的弧

Create a set tsetto save the arcs which the target node is oi;

//创建一个 sset 集合保存源结点为 oi 的弧

Create a set ssetto save the arcs which the source node is oi;

for each Arc a$_i$ in a$_i$. A **do**

　　/* 如果 EPN 模型中一个弧的目标结点为 behavior

　　* transition 结点, 则将该弧保存至 tset 集合中.

　　* /

　　if a$_i$. target = = bt$_i$ **then**

　　　tset = tset $\bigcup$ {a$_i$};

　　　i = i + 1;

　　end if

　　/* 如果 EPN 模型中一个弧的源结点为 behavior transition

　　* 结点, 则将该弧保存至 sset 集合中.

　　* /

　　if a$_i$. source = = bt$_i$ **then**

　　　sset = sset $\bigcup$ {a$_i$}

　　　j = j + 1;

　　end if

　end for

if　i = = 1&&j = = 1 **then**

　　Create an Execution Specification es$_i$ in oi;

　　Create a message m$_i$ in oi, m$_i$. name = bt$_i$. name, m$_i$. receive = es$_i$

else

　　for each Arc a$_i$ in sset **do**

　　　　if a$_i$. target. type = = "OuterPlace" **then**

　　　　　　//查询下一个 behavior transition 节点 bt$_i$

　　　　　　Query Organization Identifier target_oi;

　　　　　　Create a message m$_i$ in oi, m$_i$. name = bt$_i$. name, m$_i$.

send = o$_i$,

$$m_i.\,receive = target\_o_i;$$

    end if

   end for

   for each Arc b_i in tset **do**

    if $b_i.\,source.\,type = = $ "OuterPlace" **then**

     //查询前一个 behavior transition 节点 bt_i

     Query Organization Identifier source_oi;

     Create a message$_i$ in

     source_oi, $m_i.\,name = bt_i.\,name$, $m_i.\,send = $ source_

oi, $m_i.\,receive = o_i;$

    end if

    end for

   end if

  end for

 end

  而组合片段(Combined Fragments)由 alt、opt、loop 和 par 等组成。其中,alt 操作代表一个行为的选择,alt 片段中有多个操作数(operands)可供选择,其可选的操作数必须有显示或隐式的条件表达且在交互的某个点上结果为真。因此,EPN 模型中如果存在一个 inner place,该 inner place 的多条输出弧连接的都是 silent transition 结点,本书就把这种情形的 silent transition 结点转换为 SIM 模型中的 alt 组合片段,其中该 inner place 的每一个 silent transition 分支就是 alt 中的条件;opt 被用于代表一个决策结点(decision node)和该结点对应的融合结点(merge node),因此,EPN 模型中如果存在一个 inner place,其多条输入弧的源结点为 silent transition 结点,本书就把这种情形的 silent transition 结点转换为 opt 组合片段;par 组合片段被用于代表一个分支节点(fork node)和该结点对应的合并结点(join node),因此,EPN 模型中如果存在一个 silent transition 结点,该结点有多条平衡的输入弧或者输出弧,本书设计这种情形的 silent transition 结点应该被转换为 SIM 模型中的 par 组合片段;loop 组合片段代表一个简单的循环,因此,如果存在一个 inner place 结点,该结点的输入弧连接的源结点与输出弧连接的目标结点是同一个 behaviour transition 结点,则该 behaviour transition 结点就被转换为

SIM 模型中的一个 loop 组合片段。

　　Interaction Use 本身代表时序图中的一个交互,在时序图模型中表示为一个特殊的交互片段,往往采用引用的方式来调用一个 interaction use,因此需要将 EPN 模型中的 subpage 元素转换为 SIM 中的 Interaction Use。特别说明的是,当两个 Petri 子网模型(Accommodation Service 和 Offer Accommodation Options)之间的连接被映射为 SIM 模型的两个 interaction use 元素时,插件中设计一个 ATL 操作(rule addAsynch),该操作自动在这两个 interaction use 之间增加同步调用消息,以此实现两个 interaction use 之间的调用。

5.3.4　UseCase 模型和 SIM 模型至 Class 模型的转换

　　根据图 5.1 的映射框架,类模型由 PIM 抽象层次上的 UseCase 模型和 SIM 模型映射而来。这是因为 UseCase 描述业务系统的需求,而 SIM 模型描述业务系统中内部对象与内部对象之间或者内部对象与外部对象之间的交互细节,描述一个用例实现涉及对象元素和交互细节。所以,利用 UseCase 模型和 SIM 模型可以确定业务系统的初始静态结构模型。

　　其模型转换采用 QVTo 模型转换语言定义两个转换插件:UseCase2Class 和 SIM2Class,这两个模型转换插件的转换规则和转换操作如表 5.4 所列。UseCase 模型和 SIM 模型转换为 Class 模型的转换规则定义,本书参考了面向对象分析建模技术,借鉴了"理解用例模型→识别分析类→定义交互行为→建立分析类图→检查分析模型"的分析建模过程[191]。在 UseCase2Class 转换插件中设计了 query 操作(usecaseIsWhoActor)和 inout 操作(setLink)。其中 usecaseIsWhoActor 查询操作是为了判断一个 usecase 元素是由哪个 actor 元素实施。而 setLink 操作则是设置 Class 模型中一个关系连接。

表 5.4　UseCase2Class 和 SIM2Class 转换规则定义

源模型	目标模型	映射规则	映射操作
UseCase	Class	规则 1:UseCase 模型中的每个 actor 元素可直接映射为 Class 模型中的一个 class 元素,该 class 属于业务实体类。	mapping actorToclass()

源模型	目标模型	映射规则	映射操作
		规则 2：UseCase 模型中的每一个 usecase 元素则可直接映射为 Class 模型中的控制类。其类的名称可由 usecase 名＋"Control"词组成。	mapping usecaseToclass()
		规则 3：UseCase 模型中 actor 元素与每一个 usecase 元素交互和通信关系可直接映射为 Class 模型中的边界类。其类的名称可由 usecase 名＋"Form"词组成。	mapping associationToclass()
		规则 4：UseCase 模型中两个 usecase 之间的 include 关系可映射为实施这两个 usecase 的 actor 元素之间的聚合关系。	mapping includeToaggregation() query usecaseIsWhoActor() mapping inout setLink()
		规则 5：UseCase 模型中两个 usecase 之间的 extend 关系可映射为作用这两个 usecase 的 actor 元素之间的组合关系。	mapping extendTocomposition() query usecaseIsWhoActor() mapping inout setLink()
		规则 6：UseCase 模型中两个 actor 之间的泛化关系可直接被映射为两个类之间的泛化关系。	mapping generalizationTogeneralization() mapping inout setLink()
SIM	Class	规则 1：SIM 模型中的每一个生命线对象可以直接映射为 Class 模型中的一个 class 元素。	mapping lifelineToclass()
		规则 2：SIM 模型中的每一条 message 元素根据发送者对象可直接映射为 Class 模型中的一个 operation 操作。如果消息的发送者和接收者不是同一个对象，则可以添加发送者对象与接收者对象之间的联系。	mapping messageTooperation() query messageSender() query messageReceiver() mapping inout addAssociation()
		规则 3：SIM 模型中的每一个 interaction use 元素被直接转换为 Class 模型中的 package 元素。	mapping interactionuseTopackage()

由于 UseCase 模型和 SIM 模型中并不是所有元素都能映射为类模型，因此最终的类模型还需要业务分析员手动调整和改进。

5.4　PIM 建模实例

应用 4.5.1 节的 Travel Agency 业务系统演示在 Eclipse Modeling Project 平台下,集成 UML 建模工具和本书所开发的 BPMN2UseCase 插件、ExtendPetrinets2SCM 插件、ExtendPetrinets2SIM 插件、UseCase2Class 和 SIM2Class 插件,完成 PIM 抽象层次建模。由于 PIM 抽象层次模型描述业务系统信息视图方面的结构,其模型内容往往比 CIM 抽象层次模型详细复杂。所以,经过模型转换插件转换后的 PIM 模型,必须由业务分析人员和相关开发人员手动完善。因此,设计了 PIM 抽象层次上各模型的完善活动,演示了通过自动模型转换和手动完善活动实现 PIM 抽象层次的建模过程。

5.4.1　UseCase 建模

以 CIM 抽象层次上的 BPMN 模型作为输入模型,执行 BPMN2UseCase 插件,其转换后的 UseCase 模型见图 5.9 所示。由图 5.9 可见,图 4.16 所示 BPMN 模型中的 Pool 元素全部转换为 Actor 元素,Task 元素转换为了带基础用例标识(BU)的用例,而 subprocess 元素转换为了带组成用例标识(CU)的用例。但该图显示的用例模型是不完整的,如 Travel Agency 在整个业务系统属于提供业务服务的用户,Customer、Broker Agent 和 Financial Company 这三类用户均通过 Travel Agency 实现交互。同时,在 PIM 抽象层次上为了更加清晰地描述业务系统的功能需求,组成用例需要被分解成多个基本用例。因此,图 5.9 所示的用例模型需要进一步细化和完善。

本书定义了如下活动对 UseCase 模型进行细化和完善:

(1) 根据业务需求确定初始 UseCase 模型中提供业务服务的业务系统,并明确业务系统中的参与者,该参与者包括终端用户和其他外部系统;

(2) 将初始用例模型中的组成用例(CU)根据业务系统的需求细化为一组实现不同操作的基本用例(BU);

(3) 判断初始 UseCase 模型中所有的基本用例是否都正确地表达了参与者的需求,对不能表达参与者需求的基本用例进行调整和删除,增加需要表达参与者需求的相关基本用例;

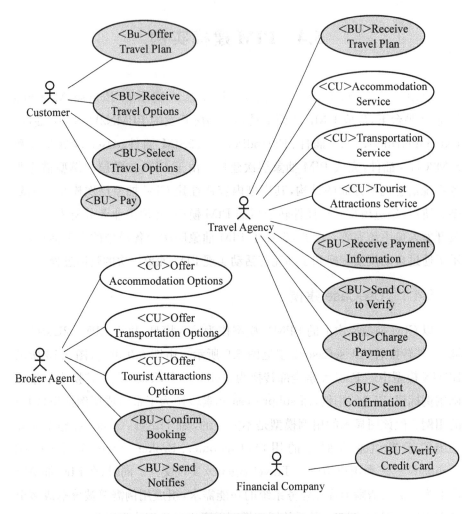

图 5.9 由 BPMN 模型转换而来的 UseCase 模型

（4）识别这些基本用例之间的关系，即基本用例之间是否存在 include 或 extend 关系。如果存在 extend 关系，则基本用例必须声明 extendpoint；

（5）识别参与者之间是否存在泛化关系。

根据以上设计的 5 个活动，细化和完善 Travel Agency 初始 UseCase 模型。首先，根据 Travel Agency 业务系统的需求场景描述，Travel Agency 参与者是一个为 Customer 提供旅游代理服务的业务系统，该业务系统为 Customer 提供了 Accommodation 服务、Transportation 服务、Tourist

Attractions 服务和 Payment 服务。因此根据第一步活动,确立本系统中的服务和交互由 Travel Agency 提供,其终端用户是 Customer,为系统的主动参与者。而外部交互系统包括 Broker Agent 和 Financial Company,是业务系统的被动参与者;

第二步从初始 UseCase 模型中可见,Travel Agency 用户涉及 Accommodation Service、Transportation Service 和 Tourist Attractions Service 等 3 个组成用例,因此需要对这 3 个组成用例进行细化。以 Accommodation Service 为例,该组成用例是为 Customer 用户提供住宿服务,并与 Broker Agent、Financial Company 用户产生交互,因此将 Accommodation Service 组成用例分解为 Search Accommodation、Show Accommodation Details、Select Accommodation 和 Pay Accommodation 4 个基本用例。

执行第三步活动,可以看出有一些基本用例,如 Offer Travel Plan、Receive Travel Options、Receive Travel Plan、Pay 等基本用例不能正确的表示参与者的行为,因此需要调整。第四步活动是为第二步和第三步中细化和调整的基本用例确立关系,Show Accommodation Details 基本用例是由 Search Accommodation 扩展而来,表现为 extend 关系;Select Accommodation 基本用例要用到 Pay Accommodation 基本用例,因此他们之间是 include 关系。因此,经过以上的 5 步活动后,其细化和完善后的 UseCase 模型见图 5.10 所示。

值得注意的是,图 5.9 中 Broker Agent 和 Financial Company 两个参与者的相关基本用例和组成用例在完善后的 UseCase 模型中被删除。这是因为这两个参与者是与 Travel Agency 交互的外部系统,因此 Offer Accommodation Options、Offer Transportation Options 和 Verify Credit Card 等组成用例和基本用例是这两个外部系统为 Travel Agency 业务系统提供的基本功能,其内部功能和结构在 Travel Agency 系统不需要涉及,因此被舍弃。

5.4.2　服务组成建模

将图 4.17 所示的形式化 EPN 模型作为输入模型,运行 ExtendPetrinets-2SCM 插件得到图 4.11 所示的 SCM 模型(输出模型)。从图 5.11 可见,EPN

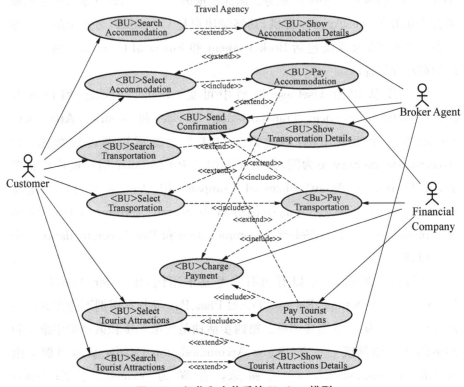

图 5.10　细化和完善后的 UseCase 模型

模型中的 inner place 和 outer place 元素被直接映射为 SCM 模型中的 control flow 和 object flow 元素,而 subpage 元素被直接的映射为 service activity 元素。然而图 5.11 所示的 SCM 模型并不是一个完整的服务组成模型,这是因为服务组成模型应该更为详细的描述工作流的细节,该模型中的 Accommodation Service,Transportation Service 和 Tourist Attractions Service 三个服务活动的实现细节和执行流程必须被详细描述。因此,在 SCM 模型中需要进一步识别为了实现某个服务活动(service activity)的所有原子活动。

　　为了支持一个服务活动,在服务过程中除了识别协作实体外还需要识别这些协作实体的原子活动。因此,本书提出如下活动对服务活动(service activity)元素进行细化(refine):

　　(1) 识别业务协作者,该业务协作者必须是与实现该服务活动直接相关的。其识别依据是:从所有参与者中查找出当终端用户提出一个请求时,提

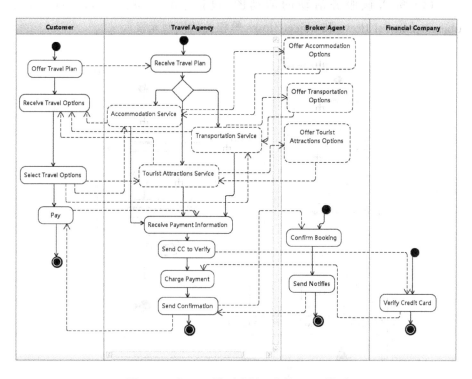

图 5.11　由 EPN 模型映射而来的 SCM 模型

供或接收一个对象的参与者,那么该参与者就是实现该服务活动的业务协作者。如以"Accommodation Service"为例,实现该服务活动的功能就需要 Travel Agency 将 Customer 的需求提供给 Broker Agent,Broker Agent 接收 Customer 的需求,查找符合用户需求的住宿(Accommodation)信息并返回给 Travel Agency。因此,从该服务活动中识别出两个业务协作者:Travel Agency 和 Broker Agent;

（2）将 service activity 分解为一系列服务操作。在 Travel Agency 系统中,服务活动"Accommodation Service"被分为"Receive Accommodation Request""Select Broker Agent""Receive Accommodations""List Accommodation Options""Receive Selected Accommodation"和"Confirm Accommodation"这几个原子活动;

（3）识别对象,该对象表示为连接一个 object flow 的输入或输出对象,一旦业务协作者、服务操作和对象被识别;

（4）完善该服务活动的活动图，包括 partitions、actions、decisions、objects、control flows 和 object flows 等相关的模型元素。

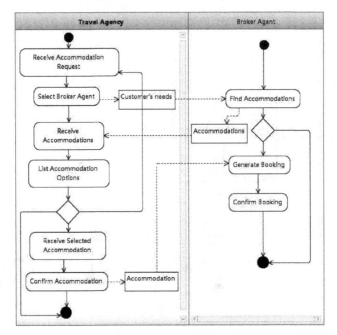

图 5.12   细化"Accommodation Service"服务活动的服务组成模型

图 5.12 显示了按照以上 4 个活动步骤细化"Accommodation Service"服务活动的服务组成模型，该模型代表了涉及不同业务协作者和不同活动的服务组成。因此，由 EPN 模型映射而来的 SCM 模型中的每一个 service activity 都应该被进一步细化为一个完整的服务过程模型。

5.4.3   服务交互建模

以图 4.17 所示的 EPN 模型为输入模型，执行 EPN2SIM 插件得到了如图 5.13 所示的服务交互模型（输出模型）。由图 5.13 可见，EPN 模型中所有的 behaviour transition 结点都被映射为 SIM 模型中的 message 操作；4 个带有标符（token）的 inner place 由于连接 silent transition 结点，被转换为 SIM 模型中的 4 个 lifeline 元素，且根据 silent transition 所属的 OI 元素确定了 lifeline 元素的名称；Petri 子网元素在 SIM 模型中被映射为 interaction use 元素。

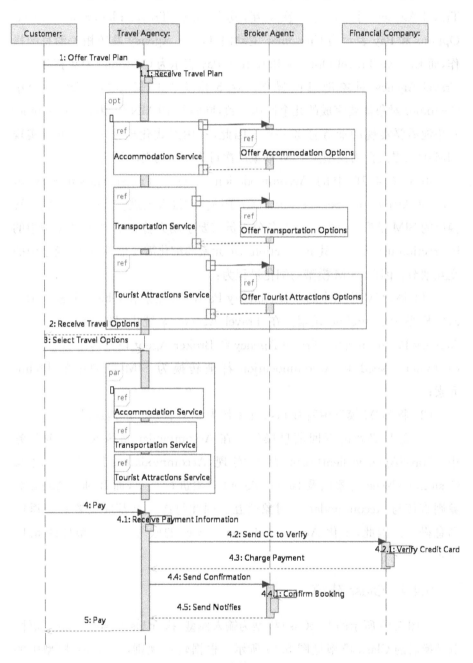

图 5.13　由 EPN 模型转换而来的 SIM 模型

在服务实体间的交互过程中,Customer 对象想要获得旅游服务需要与 Travel Agency 对象进行 5 次交互,其中 Offer Travel Plan,Select Travel Options 和 Pay 表示为 Customer 主动向 Travel Agency 发送相关消息的操作,而 Receive Travel Options 和 Return Pay 表示为 Customer 对象接收来自 Travel Agency 对象消息的操作。这 5 次交互的操作与 SCM 模型中 Customer 对象需要完成的几个操作一致,同时与 BPMN 模型描述 Customer 对象池需要实现的业务任务一致。因此,利用形式化模型 EPN,可以实现 CIM 抽象层次行为模型至 PIM 抽象层次行为模型的自动转换。

由于图 4.16 中的 Accommodation Service,Transportation Service,Tourist Attractions Service 3 个 Petri 子网模型没有被进一步细化,因此在转换后的 SIM 模型中(图 5.13)业务分析员需要手动完善和细化 SIM 模型中的 interaction use 元素。其 interaction use 元素的细化需要借鉴 SCM 模型中的交互细节。因此,SIM 模型的细化过程为:

(1) 将 SCM 模型中的所有 Activity Partition 元素和 Object 元素表示为 SIM 模型中的 lifeline 元素。在 Travel Agency 系统中,图 4.12 中的两个 Activity Partition 元素:Travel Agency 和 Broker Agent 以及两个对象元素:Customer's Need 和 Accommodation 都被转换为 SIM 模型中的 lifeline 元素;

(2) 将 SCM 模型中所有 task 元素作为 SIM 模型中的消息操作;

(3) 添加必要的返回消息操作。在 Accommodation Service 业务服务中,TravelAgencyClientForm 为了实现 Accommodation 服务,多次与 Customer'sNeed 对象以及 Broker Agent 对象进行交互,而 Broker Agent 对象则直接与 Accommodation 对象交互。因此每次交互都应设置一个返回消息操作。因此,细化 Accommodation Service 的服务交互模型如图 5.14 所示。

5.4.4　Class 建模

以图 5.10 所示的 UseCase 模型为输入模型,执行 UseCaseToClass 插件,其转换后的 Class 模型见图 5.15 所示。根据转换规则,UseCase 模型中的 Customer、Broker Agent 和 Financial Company 被直接转换为类模型中的 3 个类对象;而 usecase 元素被转换成了执行该用例的控制类;actor 与 usecase

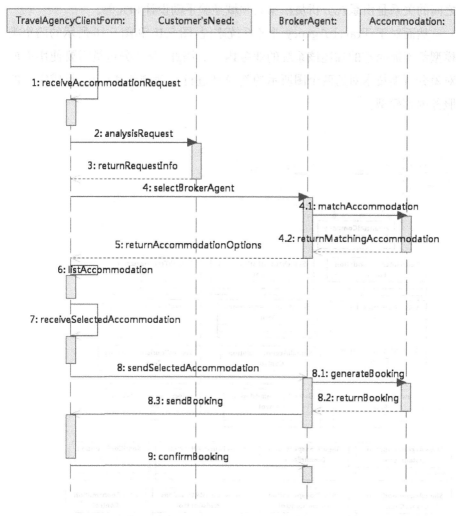

图 5.14　"Accommodation Service"业务服务的服务交互模型

之间的 association 被转换成了实现该用例的操作界面类。图 5.16 所示的模型是以图 5.13 所示的 SIM 模型为输入模型，执行 SIMToClass 插件后得到的输出模型。其中 SIM 模型中的几个 lifeline 元素被直接转换为类元素；而每个 lifeline 元素发出的消息操作也被直接转换为类的操作；消息的发送者和接收者之间存在关系（Association）。同时，SIM 模型中的所有 interaction use 被直接转换为 Class 模型的 package 元素。但图 5.16 所示的类模型中也包括系统分析员手动完善的操作。如类与 package 之间以及 package 与 package 之间的关系是由系统分析员根据其领域经验手动设计和完善。

然而对于 Travel Agency 业务系统来说,图 5.15 和图 5.16 所示的两个类模型都不能完整的描述该系统的业务内容。因此,业务分析员需要使用面向对象分析类技术对这两个图所示的类模型进行手动调整和细化,形成完整的服务内容模型。

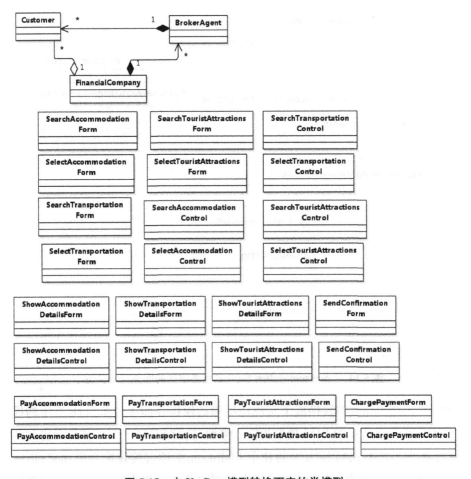

图 5.15　由 UseCase 模型转换而来的类模型

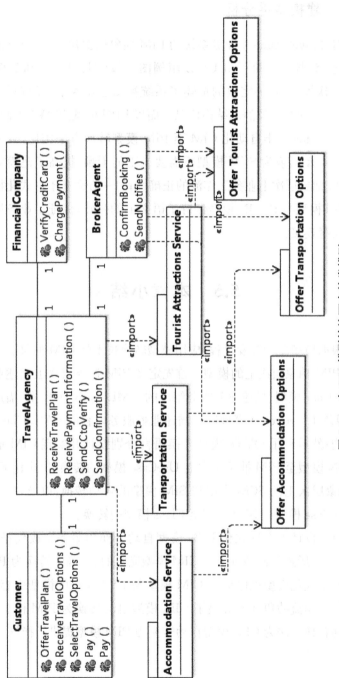

图 5.16　由 SIM 模型转换而来的类模型

5.4.5 建模结果分析

通过对 Travel Agency 业务系统的 PIM 抽象层次建模,所建立的模型与其他的相比,本书提出的利用 UML 用例图、活动图、时序图和类图组成的 PIM 抽象层次模型,较为完整的描述了系统视图上业务系统的功能、工作流细节、交互行为细节以及静态结构信息。而以 EPN 模型为"桥"模型的自动模型转换方法与其他的半自动化 CIM 至 PIM 模型转换方法相比,一方面使得 BPMN 模型自动转换为 SCM 模型不需要人工的干预,提高了建模效率以及保证了 PIM 抽象层次上业务工作流的正确性;另一方面基于形式化模型的转换使得 SCM 模型与 BPMN 模型保持了语义上的一致,保证了业务视图和信息视图的无缝连接。

5.5　本章小结

本章根据模型驱动开发过程,应用模型转换技术将 CIM 抽象层次上的模型转换为 PIM 抽象层次上的模型。首先定义 PIM 抽象层次上描述业务系统需求的 UseCase 模型、描述业务服务组成的 UML Activity 模型、描述业务服务交互的 UML Sequence 模型以及描述业务服务内容的 UML Class 模型的元模型结构;然后利用 QVTo 模型转换语言分别设计并实现 CIM 抽象层次上的 BPMN 模型至 PIM 抽象层次上 UseCase 模型的转换,形式化 EPN 模型至 PIM 抽象层次上的 SCM 模型和 SIM 模型的自动转换,以及在 PIM 抽象层次上 UseCase 模型和 SIM 模型至 Class 模型的转换。

本章重点设计了将形式化 EPN 模型自动转换为服务组成模型的方法。通过实例演示,形式化模型可以将 CIM 模型完整的、正确的转换为 PIM 层次模型。同时形式化模型也保证了 CIM 模型与 PIM 模型的模型内容一致性。虽然只是从工作流的角度上解决了 CIM 模型自动转换为 PIM 模型的问题,但这一自动转换方法为 CIM 模型自动转换为 PIM 模型提供了指导。

第6章

模型一致性验证

模型验证往往采用形式化方法验证源模型的语义正确性和源模型与目标模型之间的动态一致性,因此,模型验证是提高基于模型驱动方法开发软件产品的质量和可靠性的关键。而源模型与目标模型之间的动态一致性是指源模型与目标模型之间的协约性问题[5],当源模型发生改变时,目标模型中与之相关的内容也应发生改变,在模型驱动开发过程中表示为源模型与目标模型的语义一致性问题。其语义一致性主要包括两个方面的问题:

(1)当源模型发生改变时,目标模型也应发生改变以顺应模型一致性;

(2)当目标模型发生改变时,这种改变不会影响源模型与目标模型之间的语义一致性问题。

因此,本章根据第 4 章与第 5 章的模型转换内容制定模型验证方案,验证 GSP 多层次模型中上一层模型与下一层模型之间的模型一致性以及验证 CIM 抽象层次的行为模型与 PIM 抽象层次的行为模型之间的一致性。

6.1 CIM 抽象层次上的模型一致性验证

本书提出的 GSP 建模方法是利用业务目标模型、业务场景模型和业务过程模型,采用逐步细化和求精的方式建立 CIM 模型。因此,顶层的业务目标模型与中间层的业务场景模型之间、业务场景模型与底层的业务过程模型之间的语义一致性验证对建立正确、有效的 CIM 模型显得尤为重要。例如,当一个目标没有涉及任何场景,则表明该业务目标可能是不正确的,或是该目标超出目标模型描述,也或者是一个不正确的场景模型不能表达该目标;如果一个场景对任何目标来说既不是必须的，也不存在任何贡献，则表明该场景设计有误或者目标模型需要改进；同样，一个场景中不包括任何的业务过程，则表明业务过程模型是不完整或不正确的。因此，利用第三章的形式化方法从语义上验证 GRL 模型与细化后的 UCM 模型以及 UCM 模型与细化后的 BPMN 模型之间的一致性问题。

6.1.1 业务目标模型与业务场景模型之间的一致性验证

1. 基本思路

Calegari 等[118]认为模型验证应该考虑模型整体而不是考虑模型中的个体因素，例如，目标模型是在源模型的基础上执行了模型元素组合（composition）、模型元素合并（merging）、模型元素编织（weaving）等操作。这就需要针对不同情形的模型转换操作定义模型一致性检查方法。因此，本小节定义的业务目标模型与业务场景模型的一致性是在这两个模型中的每一个元素是可连接的，且无二义性的前提下，应用强语义等价、部分语义等价以及弱语义相似等手段，定义源模型与目标模型之间语义一致性验证方法。

2. 验证方法

由于业务目标模型的形式化采用的是范畴论，而业务场景模型的形式化是 Petri 网模型，这两种形式化模型不是同一种形式化语言。因此，本书定义目标形式化模型的紧邻序列集合和场景形式化模型的执行顺序序列集合，通过比较这两个集合中的部分序列是否完成相同的业务服务来定义业务目标模型与业务场景模型之间的一致性。

定义 6.1 给定目标模型 G_1，应用定义 4.1 形式化 G_1，其形式化目标模型系统 $CG_1 = <A, G_A, G_N, s, t, M_A, M_N>$，存在 $ng_1, ng_2, ng_3, nt_1, nt_2, nt_3, \cdots, nt_n \in G_A$，则 $\sum C_1 = \{ng_1, ng_2, ng_3, nt_1, nt_2, nt_3, \cdots, nt_n\}$ 表示目标模型系统 $CG1$ 中所有节点的集合。

定义 6.2 给定场景模型 BS1，应用定义 4.8（EPN 模型）形式化 BS1，其形式化模型为 PN1 = <IP,OP,ST,BT,IA,OA,M_0,SN,OI,GI>，存在静态事件 $st_1, st_2, st_3, \cdots, st_n \in ST$，动态事件 $bt_1, bt_2, bt_3, \cdots, bt_n \in BT$，子网模型 $sn_1, sn_2, sn_3, \cdots, sn_n \in SN$。由于静态事件在 EPN 模型中表示 Petri 网模型的开始、结束和路径选择，没有实际的动作行为，因此，定义 $\sum C2 = \sum BT \cup$

$\sum SN$ 表示 PN1 模型中所有有限个事件的集合，其中 $\sum BT = \{\mathrm{bt}_1, \mathrm{bt}_2,$ $\mathrm{bt}_3, \cdots, \mathrm{bt}_n\}$ 表示为有限个动态事件的集合，$\sum SN = \{\mathrm{sn}_1, \mathrm{sn}_2, \mathrm{sn}_3, \cdots, \mathrm{sn}_n\}$ 表示为有限个子网模型的集合。

定义 6.3　给定目标模型 CG1 和场景模型 PN1，定义 $\sum C = \sum C1 \bigcap \sum C2$，表示目标模型 CG1 与场景模型 PN1 的通用动作。

3. 验证步骤

根据定义 6.1～定义 6.3，判断业务目标模型 CG1 与业务场景模型 PN1 之间的语义一致性验证步骤为：

第一步：应用定义 6.1 和定义 6.2 计算出业务目标模型的所有结点集合 $\sum C1$ 和业务场景模型所有结点集合 $\sum C2$，并应用定义 6.3 计算出目标模型与场景模型共有的结点集合 $\sum C$。

第二步：应用定义 4.6，计算出目标模型系统的所有紧邻序列集合 $\sum \mathrm{Neighbor} - S$，并应用定义 4.9，计算出形式化场景模型执行顺序序列集合 $\sum P$。

第三步：$\exists \mathrm{Neighbor} - Si \in \sum \mathrm{Neighbor} - S, \exists Pi \in \sum P$，执行 $\sum \mathrm{Neighbor} - Si \bigcap \sum C$ 运算，并确定有效的紧邻序列；同时执行 $\sum Pi \bigcap \sum C$ 运算，并确定有效的执行顺序序列。iff：$\sum \mathrm{Neighbor} - Si \bigcap \sum C = \sum \mathrm{Neighbor} - Si$，且 $\sum Pi \bigcap \sum C = \sum Pi$，转向第四步；iff：$\sum \mathrm{Neighbor} - Si \bigcap \sum C \neq \varnothing$，且 $\sum Pi \bigcap \sum C \neq \varnothing$，转向第五步；iff：$\sum \mathrm{Neighbor} - Si \bigcap \sum C = \varnothing$，或 $\sum Pi \bigcap \sum C = \varnothing$，则表明业务目标模型 CG1 与业务场景模型 PN1 之间语义不一致。

第四步：iff：$\sum \mathrm{Neighbor} - Si = \sum Pi$ 且 $\mathrm{Neighbor} - Si = Pi$，则称业务目标模型 CG1 与业务场景模型 PN1 之间保持完全语义一致性；iff：$\sum \mathrm{Neighbor} - Si = \sum Pi$ 但 $\mathrm{Neighbor} - Si \neq Pi$，则称业务目标模型 CG1 与业务场景模型 PN1 之间保持部分语义一致性。

第五步：iff：$\sum \mathrm{Neighbor} - Si \bigcap \sum Pi \neq \varnothing$，则称业务目标模型 CG1

与业务场景模型 PN1 之间保持了弱语义一致性。

说明：

（1）针对完全语义一致性定义，表明业务目标模型中存在一个紧邻序列与业务场景模型中存在的一个执行顺序序列相比，它们的结点集合相同，序列结构相同，表现为底层的业务场景模型没有对顶层的业务目标模型进行修改。

（2）针对部分语义一致性定义，表明业务目标模型中存在一个紧邻序列与业务场景模型中存在的执行顺序序列相比，他们的结点集合相同，但序列结构不同，表现为底层的场景模型对顶层目标模型中的目标与任务之间的因果关系进行了修改。

（3）针对弱语义一致性定义，表明业务目标模型中的目标和任务结点与业务场景模型中的责任点结点，存在相互交织的情况。表现为业务目标模型中的目标和任务，被底层的业务场景模型进行了完善和细化操作。

4. 验证实例

根据以上设计的验证步骤，以 4.5.1 节的 Travel Agency 系统为例，分析图 4.11 所示的业务目标形式化模型与图 4.13 所示的业务场景形式化模型之间的语义一致性。

第一步：图 4.11 所示的业务目标形式化模型的所有结点集合

$$\sum C1 = \{\text{Gain Travel Options, Provide Accommodation Service, Provide Transportation Service, Provide Tourist Attractions Service, Payment Service, Offer Travel Options, Offer Travel Plan, Select Travel Options, Offer CC Information, Provide Travel Options, Provide Accommodation, Provide Transportation, Provide Tourist Attractions, Verify Credit Card}\}。$$

图 4.13 所示的业务场景形式化模型的所有结点集合

$$\sum C2 = \{\sum BT \cup \sum SN \mid BT \in PN1 \&\& SN \in PN1\}$$

$$= \{\text{Offer Travel Plan, Receive Travel Options, Select Travel Options, Pay, Receive Travel Plan, Provide Accommodation, Provide Transportation, Provide Tourist Attractions, Verify Credit Card, Confirm Booking, Send Notifies, Accommodation}$$

Service，Transportation Service，Tourist Attractions Service，
Offer Accommodation Options，Offer Transportation Options，
Offer Tourist Attractions Options，Payment Service}。

这两个模型的共有结点集合

$$\sum C = \sum C1 \cap \sum C2$$

= {Provide Accommodation，Provide Transportation，Provide
Tourist Attractions，Payment Service，Offer Travel Plan，Select
Travel Options，Verify Credit Card}。

第二步：目标模型系统的所有紧邻序列集合

$\sum$ Neighbor $- S =$ {Gain Travel Options $\rightarrow$ Offer Travel Plan,

Gain Travel Options $\rightarrow$ Select Travel Options,

Gain Travel Options $\rightarrow$ Provide Travel Options

$\rightarrow$ Provide Accommodation Service

$\rightarrow$ Offer Travel Options $\rightarrow$ Provide Accommodation,

Gain Travel Options $\rightarrow$ Provide Travel Options

$\rightarrow$ Provide Transportation Service $\rightarrow$ Offer Travel

Options $\rightarrow$ Provide Transportation,

Gain Travel Options $\rightarrow$ Provide Travel Options

$\rightarrow$ Provide Tourist Attractions Service

$\rightarrow$ Offer Travel Options $\rightarrow$ Provide Tourist

Attractions,

Gain Travel Options $\rightarrow$ Offer CC Information $\rightarrow$

Payment Service

$\rightarrow$ Verify Credit Card, $\cdots$}。

形式化场景模型执行顺序序列集合

$\sum P =$ { page start $\rightarrow$ Offer Travel Plan $\rightarrow$ Receive Travel Plan $\rightarrow$

Accommodation Service

$\rightarrow$ Offer Accommodation Options $\rightarrow$ Provide Accommodation

$\rightarrow$ Offer Accommodation Options $\rightarrow$ Accommodations Service

$\rightarrow$ Receive Travel Options $\rightarrow$ Select Travel Options $\rightarrow$ Pay $\rightarrow$

Payment Service → Verify Credit Card → Payment Service → Confirm Booking → Send Notifies → page end,

page start → Offer Travel Plan → Receive Travel Plan → Transportation Service

→ Offer Transportation Options → Provide Transportation

→ Offer Transportation Options → Transportation Service

→ Receive Travel Options → Select Travel Options → Pay

→ Payment Service → Verify Credit Card → Payment Service

→ Confirm Booking → Send Notifies → page end,

page start → Offer Travel Plan → Receive Travel Plan → Tourist Attractions Service

→ Offer Tourist Attractions Options → Provide Tourist Attractions

→ Offer Tourist Attractions Options → Tourist Attractions Service

→ Receive Travel Options → Select Travel Options → Pay

→ Payment Service → Verify Credit Card → Payment Service

→ Confirm Booking → Send Notifies → page end, ···}。

第三步：首先执行 $\sum Neighbor-Si \bigcap \sum C$ 运算，可得

$\sum Neighbor-S_1 \bigcap \sum C = \{Offer\ Travel\ Plan\} \neq \varnothing,$

$\sum Neighbor-S_2 \bigcap \sum C = \{Select\ Travel\ Options\} \neq \varnothing,$

$\sum Neighbor-S_3 \bigcap \sum C = \{Provide\ Accommodation\} \neq \varnothing,$

$\sum Neighbor-S_4 \bigcap \sum C = \{Provide\ Transportation\} \neq \varnothing,$

......

其结果不为空的紧邻序列包括图 6.1 所示的 6 条紧邻序列和以下所示的 6 条紧邻序列：

Neighbor－S_1＝Gain Travel Options→Provide Travel Options
→Provide Accommodation Service→Offer Travel Options
→Provide Transportation,

Neighbor－S_2＝Gain Travel Options→Provide Travel Options
→Provide Accommodation Service→Offer Travel Options

$$\rightarrow \text{Provide Tourist Attractions},$$

Neighbor$-S_3 =$Gain Travel Options$\rightarrow$Provide Travel Options

$\qquad \rightarrow$Provide Transportation Service$\rightarrow$Offer Travel Options

$\qquad \rightarrow$Provide Accommodation，

Neighbor$-S_4 =$Gain Travel Options$\rightarrow$Provide Travel Options

$\qquad \rightarrow$Provide Transportation Service$\rightarrow$Offer Travel Options

$\qquad \rightarrow$Provide Tourist Attractions，

Neighbor$-S_5 =$Gain Travel Options$\rightarrow$Provide Travel Options

$\qquad \rightarrow$Provide Tourist Attractions Service$\rightarrow$Offer Travel Options

$\qquad \rightarrow$Provide Accommodation，

Neighbor$-S_6 =$Gain Travel Options$\rightarrow$Provide Travel Options

$\qquad \rightarrow$Provide Tourist Attractions Service$\rightarrow$Offer Travel Options

$\qquad \rightarrow$Provide Transportation。

　　根据业务分析员的领域知识，以上这 6 条紧邻序列是无效的，以紧邻序列 Neighbor$-S_1$ 为例，该紧邻序列中 Provide Accommodation Service 结点与 Provide Transportation 结点之间存在业务功能错位的问题。而图 6.1(a)中结点 ng_1 和 nt_1 之间存在着分解关系(edc1)，图 6.1(b)中结点 ng_1 和 nt_2 也存在分解关系(edc2)，因此这两条紧邻序列也不是有效的。而图 6.1(c)，图 6.1(d)，图 6.1(e)，图 6.1(f)所示的紧邻序列表示 Travel Agency 业务系统为用户提供了 Accommodation 服务、Transportation 服务、Tourist Attractions 服务和 Payment 服务。根据 Travel Agency 系统的初始需求描述，这四条有效的紧邻序列，能够完全覆盖该系统需要实现的所有业务功能。

　　然后执行 $\sum P_i \bigcap \sum C$ 运算，可得

$\sum P_1 \bigcap \sum C = \{$Offer Travel Plan，Provide Accommodation，Select Travel Options，Payment Service，Verify Credit Card$\} \neq \varnothing$，

$\sum P_2 \bigcap \sum C = \{$Offer Travel Plan，Provide Transportation，Select Travel Options，Payment Service，Verify Credit Card$\} \neq \varnothing$，

$\sum P_3 \bigcap \sum C = \{$Offer Travel Plan，Provide Tourist Attractions，Select Travel Options，Payment Service，Verify Credit Card$\} \neq \varnothing$，

　　……

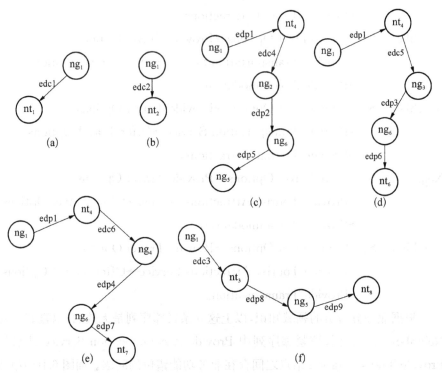

图 6.1 Travel Agency 目标形式化模型的部分紧邻序列

其结果不为空的执行顺序序列有 P_1, P_2, P_3, P_4 等多条。部分执行顺序序列如下：

P_1 = page start → Offer Travel Plan → Receive Travel Plan → Accommodation Service net

　　→Offer Accommodation Options net→Provide Accommodation

　　→Offer Accommodation Options net →Accommodation Service net

　　→Receive Travel Options→Select Travel Options→Pay→Payment Service net

　　→Verify Credit Card→Payment Service net→Confirm Booking→Send Notifies→page end，

P_2 = page start → Offer Travel Plan → Receive Travel Plan → Transportation Service net

　　→Offer Transportation Options net→Provide Transportation

　　→Offer Transportation Options net →Transportation Service net

→Receive Travel Options→Select Travel Options→Pay→Payment Service net

→Verify Credit Card→Payment Service net→Confirm Booking→ Send Notifies→page end，

P_3 = page start→Offer Travel Plan→Receive Travel Plan→Tourist Attractions Service net

→Offer Tourist Attractions Options net→Provide Tourist Attractions

→Offer Tourist Attractions Options net→Tourist Attractions Service net

→Receive Travel Options→Select Travel Options→Pay→Payment Service net

→Verify Credit Card→Payment Service net→Confirm Booking→ Send Notifies→page end，

P_4 = page start→Offer Travel Plan→Receive Travel Plan→ Accommodation Service net

→Receive Travel Options→Select Travel Options→Pay→Payment Service net→Confirm Booking→Send Notifies→page end。

这四条动作顺序序列如图 6.2(a)、图 6.2(b)、图 6.2(c)、图 6.2(d)所示，其中 P_1，P_2，P_3 这三条动作顺序序列分别表示实现 Accommodation 服务的业务交互场景、Transportation 服务的业务交互场景和 Tourist Attractions 服务的业务交互场景。而且根据形式化模型，这三条动作路径分别涉及了所有业务利益相关者的操作。因此，这三条动作顺序序列是有效的。虽然 P_4 动作顺序序列也表示了 Accommodation 服务的场景，但由于该动作顺序序列中缺少了 Broker Agent 和 Accommodation Company 两个利益相关者的操作，使得该动作顺序序列是无效的。

可知 $\sum \text{Neighbor}-Si \cap \sum C \neq \sum \text{Neighbor}-Si \neq \varnothing$，且 $\sum Pi \cap \sum C \neq \sum Pi \neq \varnothing$。因此，转向第五步。

第五步：执行 $\sum \text{Neighbor}-Si \cap \sum Pi$ 运算。图 6.1(c)所示的紧邻序列与图 6.2(a)所示的动作顺序序列执行交运算后的结果为：{Offer Travel Plan, Provide Accommodation, Select Travel Options, Payment Service,

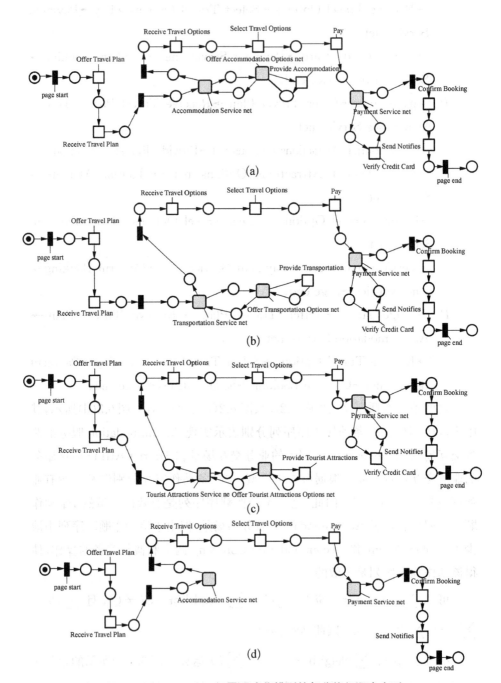

图 6.2 Travel Agency 场景形式化模型的部分执行顺序序列

Verify Credit Card}≠∅，图 6.1(d)所示的紧邻序列与图 6.2(b)所示的动作顺序序列，执行交运算后的结果为：{Offer Travel Plan，Provide Transportation，Select Travel Options，Payment Service，Verify Credit Card}≠∅，图 6.1(e)所示的紧邻序列与图 6.2(c)所示的动作顺序序列，执行交运算后的结果为：{Offer Travel Plan，Provide Tourist Attractions，Select Travel Options，Payment Service，Verify Credit Card}≠∅。

根据形式化验证步骤，图 4.11 所示的目标形式化模型和图 4.13 所示的场景形式化模型满足弱语义一致性条件。所以，可以判定 Travel Agency 系统的目标模型和场景模型是一致性。因此，不管 GSP 建模框架中的业务场景模型做如何修改和变化，根据本节定义的一致性验证策略就可以验证业务目标模型与细化后的业务场景模型之间的语义一致性。

6.1.2　业务场景模型与业务过程模型之间的一致性验证

1. 基本思路

根据业务场景模型的形式化和业务过程模型的形式化可知这两种模型的形式化都是基于 Petri 网模型的，需要定义一种 Petri 网类型的语言来描述这两个模型的语义相容性。因此，定义业务场景模型与业务过程模型语义相容（semantically compatible）的原则是为了实现相同的业务服务，这两个不同层次的模型中至少存在一个相同的场景且该场景具有相同的业务行为。

2. 验证方法

对于 Petri 网来说，是通过串联相关符号并定义一组规则来实现形式化描述[192]。如圆形表示 place，矩形表示为 transition，而箭头表示连接弧；并定义连接弧两段要么是 place 和 transition，要么是 transition 和 place；同时规定两个 place 或两个 transition 不能有连接弧进行连接。因此，类似于 Petri 网的语言基本上都要遵循基本 Petri 网的这些规则。而形式语言的符号是以 transition 为标记的，构造一个执行顺序序列就是以标符行走的 transition 结点路径决定的。因此，本书定义一个类似于 Petri 网的语言描述 EPN 模型的执行顺序序列，该语言扩展 Petri 网的标记函数(ψ)，初始标符(δ_0)和结束标符集(E)。

1) Petri 网验证语言设计

本节定义一个 Petri 网类型的语言 C,如果存在一个带标签的 Petri 网模型 $PN=(EPN,\psi,\delta_0,E)$,有 $C(PN)=\{\psi(\alpha)\in\sum* \mid \alpha\in T* \text{ and } \mu(\delta_0,\alpha)=\delta\alpha\ \delta\alpha\in E\}$。其中 α 表示某一个 Transition 结点,$\sum*$ 表示 EPN 模型中的所有结点集合,$T*$ 表示 EPN 模型中所有 Transition 结点,$\delta\alpha$ 表示标符从 δ_0 开始到达 Transition 结点 α 的执行顺序序列。同时一个结束标符必须完全到达,由此产生的一个 C 类型语言的执行顺序序列。这个执行顺序序列带给 Petri 网模型完整的从开始操作到结束操作的过程。因此,业务场景流和业务过程流,可以通过 C 类型语言建模表示业务场景状态 $BS=C(EPN,\psi,\delta0,E)$ 和业务过程活动 $BP=C(EPN,\psi,\delta_0,E)$。

图 6.3 和图 6.4 分别描述了用 EPN 方法建立的一个描述业务场景状态的 Petri 网类型的模型以及一个描述业务过程活动的 Petri 网类型的模型。图 6.3 的初始标符 $\delta_0=(1,0,0,0)$,结束标符 $E=(0,0,0,1)$,其业务场景状态模型

$$BS=C(EPN,\psi,\delta_0,E)=(\text{page start}\rightarrow\text{Offer Travel Plan}\rightarrow\text{Receive Travel Plan}$$
$$\rightarrow\text{Select Travel Plan}\rightarrow\text{Pay}\rightarrow\text{page end})$$

图 6.4 所示的初始标符 $\delta_0=(1,0,0,0)$,结束标符 $E=(0,0,0,1)$,其业务过程活动模型

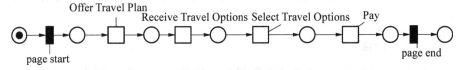

图 6.3　基于业务场景模型的 EPN 语言模型

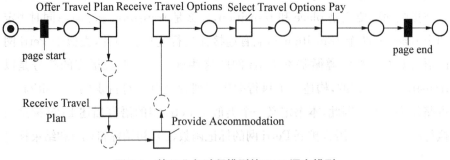

图 6.4　基于业务过程模型的 EPN 语言模型

$$BP = C(EPN, \psi, \delta_0, E) = (page\ start \rightarrow Offer\ Travel\ Plan \rightarrow Receive\ Travel\ Plan$$
$$\rightarrow Provide\ Accommodation \rightarrow Receive\ Travel\ Plan$$
$$\rightarrow Select\ Travel\ Plan \rightarrow Pay \rightarrow page\ end)$$

值得注意的是本书设计的 EPN 元模型的 transition 结点包括 silent transition 结点和 behaviour transition 结点。其中 silent transition 结点表示 EPN 模型的开始、结束和路径选择。因此,当本节定义的 C 类型语言在描述业务场景模型和业务过程模型时,其执行顺序序列中仅包括了开始和结束类型的 silent transition 结点,中间如 fork、join、merge 等决策信息的 silent transition 结点表示决策路径时,也必须根据其定义的形式化语义来进行执行顺序的选择。

以 BPMN 模型映射为 EPN 模型为例,根据表 4.3 的定义,图 6.5(a)所示的模型是由 BPMN 模型中的 inclusive 网关转换而来。其中,两个实心矩形表示 silent transition 代表着两个条件,只要满足其中任意一条件就可以执行该条件的后续 behaviour transition 结点。因此,其执行顺序序列为 A→B‖A→C,表明模型的执行顺序序列只能从这两条路径中任选一条执行。而图 6.5(b)所示的模型是由 BPMN 模型中的 parall-fork 转换而来,表示实心矩形后续的每个分支都是平行的输出流,其执行顺序序列为 A→B&&A→C,表明执行序列可以同时执行这两路径,也可以执行其中一条路径。根据表 4.1 的规则,图 6.5 所示的两种情形在 UCM 模型中分别代表了 AndFork 和 OrFork 两种网关的映射。因此,为了防止这两种情形在进行语义相容性分析时造成混乱,本书规定这两种情形的执行顺序序列路径的选择只能为一条。

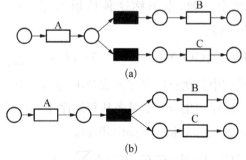

(a)

(b)

图 6.5　Petri 网决策路径例子

2）语义相容性定义

本节利用所定义的语言 C，设计业务场景模型和业务过程模型的语义相容性的相关定义如下：

定义 6.4 给定业务过程模型 BP1，应用 EPN 模型完成 BP1 模型的形式化，其形式化模型为 $PN2=<IP,OP,ST,BT,IA,OA,M_0,SN,OI,GI>$，存在动态事件 $bt_1,bt_2,bt_3,\cdots,bt_n\in BT$，子网模型 $sn_1,sn_2,sn_3,\cdots,sn_n\in SN$。定义 $\sum CP=\sum BT\bigcup\sum SN$，表示为 PN2 模型中所有有限个事件的集合，其中 $\sum BT=\{bt_1,bt_2,bt_3,\cdots,bt_n\}$ 表示为有限个动态事件的集合，$\sum SN=\{sn_1,sn_2,sn_3,\cdots,sn_n\}$ 表示为有限个子网模型的集合。

定义 6.5 给定业务场景形式化模型 PN1 和业务过程形式化模型 PN2，应用定义 6.2 和 6.4，定义 $\sum CN=\sum C2\bigcap\sum CP$，其中 $\sum CN$ 表示 PN1 模型和 PN2 模型的通用化动作。$\sum C2$ 表示 PN1 模型中所有有限个事件的集合，$\sum CP$ 表示 PN2 模型中所有有限个事件的集合。

定义 6.6 给定业务场景模型 BS1 和业务过程模型 BP1，这两个模型的形式化模型分别 EPN 类型的 PN1 和 PN2，应用定义 6.2、定义 6.4 和定义6.5，判断 PN1 与 PN2 之间是否存在语义一致性以下列三种情形的语义相容性来判断：

（1）$BS1\triangleleft\triangleright BP1,iff:C(PN1\mid\sum_{cN})=C(PN2\mid\sum_{CN})$，其中 $C(PNi\mid\sum_{CN})$ 表示业务场景或者业务过程的执行顺序序列集合产生于通用动作集合 $\sum_{CN}$。这种情形表示为 PN1 模型中的执行顺序序列集合与 PN2 中的执行顺序序列集合完全一致，本书称这种情形为完全语义相容（complete semantic compatibility）。

（2）$BS1\triangleright BP1,iff:C(PN1\mid\sum_{CN})\bigcap C(PN2\mid\sum_{CN})\neq\varnothing$。这种情形表示为在 PN1 模型中的执行顺序序列集合中，至少存在一条执行顺序序列与 PN2 中的执行顺序序列集合中的某条执行顺序序列相同，本书称这种情形为部分语义相容（part semantic compatibility）。

（3）$BS1\triangleright\triangleleft BP1,iff:\forall\alpha\in C(PN1\mid\sum_{CN}),\forall\beta\in C(PN2\mid\sum_{CN})$，

$\exists\,\text{bt}_1,\text{bt}_2,\text{bt}_3,\text{bt}_4 \in \sum CN$，有执行顺序序列 $\text{bt}_1 \rightarrow \text{bt}_2 \rightarrow \text{bt}_3 \rightarrow \text{bt}_4 \in \alpha$ 且该执行顺序序列 $\text{bt}_1 \rightarrow \text{bt}_2 \rightarrow \text{bt}_3 \rightarrow \text{bt}_4 \in \beta$，则执行顺序序列 $\text{bt}_1 \rightarrow \text{bt}_2 \rightarrow \text{bt}_3 \rightarrow \text{bt}_4$ 被称为执行顺序序列 α,β 的最大子执行顺序序列。这种情形表示为 PN1 模型的执行顺序序列集合中，至少存在一条执行顺序序列与 PN2 模型的执行顺序序列集合中的某条执行顺序序列是部分相等的，即两条执行顺序序列中存在相同的子执行顺序序列。本书称这种情形为弱语义相容（week semantic compatibility）。

说明：

（1）针对完全语义相容性，两个模型的执行顺序序列集合完全相同，表明底层业务过程模型没有做任何的修改与完善。

（2）针对部分语义相容性，两个模型的执行顺序序列集合中部分执行顺序序列是相同的，表明底层业务过程模型对部分业务服务的实现进行小范围的修改和完善。

（3）针对弱语义相容性，两个模型的执行顺序序列集合中部分执行顺序序列是部分相同的，表明底层业务过程模型进行细化和提炼操作，表现为业务场景模型中的 stub 元素在业务过程模型中进行了细化。

3. 验证步骤

第一步：应用定义 6.2、定义 6.4 和定义 6.5，计算业务场景模型和业务过程模型的通用 behaviour transition 结点集合 $\sum_{CN}$。

第二步：计算业务场景模型的执行顺序序列集合 $C(PN1 \mid \sum_{CN})$ 和业务过程模型的执行顺序序列集合 $C(PN2 \mid \sum_{CN})$。

第三步：利用定义 6.6 中的三种情形来判断业务场景模型和业务过程模型之间是否存在语义一致性。如果这三种情形都不满足，则表明业务场景模型与业务过程模型之间出现了语义不一致的情况。

4. 验证实例

根据以上的验证步骤，以 4.5.1 节的 Travel Agency 系统为例，分析业务场景模型和业务过程模型的一致性。

第一步：首先计算图 4.13 所示的 Travel Agency 系统的业务场景形式化模型的通用结点集合

$$\sum C2 = \{\sum BT \cup \sum SN \mid BT \in PN1 \&\& SN \in PN1\}$$

= {Offer Travel Plan, Receive Travel Options, Select Travel Options, Pay, Receive

Travel Plan, Provide Accommodation, Provide Transportation, Provide Tourist Attractions, Verify Credit Card, Confirm Booking, Send Notifies, Accommodation Service, Transportation Service, Tourist Attractions Service, Offer Accommodation Options, Offer Transportation Options, Offer Tourist Attractions Options, Payment Service}。

然后计算图 4.17 所示的 Travel Agency 系统的业务过程形式化模型的通用结点集合

$$\sum CP = \{\sum BT \cup \sum SN \mid BT \in PN2 \&\& SN \in PN2\}$$

= {Offer Travel Plan, Receive Travel Options, Select Travel Options, Pay, Receive Travel Plan, Accommodation Service, Transportation Service, Tourist Attractions Service, Offer Accommodation Options, Offer Transportation Options, Offer Tourist Attractions Options, Verify Credit Card, Confirm Booking, Send Notifies, Receive Payment Information, Send CC to Verify, Charge Payment, Send Confirmation }。

最后计算 $\sum C2$ 与 $\sum CP$ 的通用结点集合 $\sum CN$,

$$\sum CN = \sum C2 \cap \sum CP$$

= {Offer Travel Plan, Receive Travel Options, Select Travel Options, Pay, Receive Travel Plan, Accommodation Service, Transportation Service, Tourist Attractions Service, Offer Accommodation Options, Offer Transportation Options, Offer Tourist Attractions Options, Verify Credit Card, Confirm Booking, Send Notifies}。

第二步:计算业务场景模型(删除 behaviour Transition 结点 Payment Service)的执行顺序序列集合

$$C(PN1 \mid \sum\nolimits_{CN}) = \{ \text{Offer Travel Plan} \rightarrow \text{Receive Travel Plan} \rightarrow$$

Accommodation Service

$\rightarrow$ Offer Accommodation Options $\rightarrow$ Accommodations Service

$\rightarrow$ Receive Travel Options $\rightarrow$ Select Travel Options $\rightarrow$ Pay

$\rightarrow$ Verify Credit Card $\rightarrow$ Confirm Booking $\rightarrow$ Send Notifies,

Offer Travel Plan $\rightarrow$ Receive Travel Plan $\rightarrow$ Transportation Service

$\rightarrow$ Offer Transportation Options $\rightarrow$ Transportation Service

$\rightarrow$ Receive Travel Options $\rightarrow$ Select Travel Options $\rightarrow$ Pay

$\rightarrow$ Verify Credit Card $\rightarrow$ Confirm Booking $\rightarrow$ Send Notifies,

Offer Travel Plan $\rightarrow$ Receive Travel Plan

$\rightarrow$ Tourist Attractions Service $\rightarrow$ Offer Tourist Attractions Options

$\rightarrow$ Tourist Attractions Service $\rightarrow$ Receive Travel Options

$\rightarrow$ Select Travel Options $\rightarrow$ Pay $\rightarrow$ Verify Credit Card $\rightarrow$ Confirm Booking

$\rightarrow$ Send Notifies,

Offer Travel Plan $\rightarrow$ Receive Travel Plan $\rightarrow$ Accommodation Service

$\rightarrow$ Offer Accommodation Options $\rightarrow$ Accommodations Service

$\rightarrow$ Receive Travel Options $\rightarrow$ Select Travel Options $\rightarrow$ Pay

$\rightarrow$ Verify Credit Card,

$\cdots\}$

计算业务过程模型的执行顺序序列集合

$C(PN2 \mid \sum_{CN}) = \{$ Offer Travel Plan $\rightarrow$ Receive Travel Plan $\rightarrow$ Select

Travel Options $\rightarrow$ Pay,

Offer Travel Plan $\rightarrow$ Receive Travel Plan $\rightarrow$

Accommodation Service

$\rightarrow$ Offer Accommodation Options $\rightarrow$ Accommodations

Service

$\rightarrow$ Receive Travel Options $\rightarrow$ Select Travel Options $\rightarrow$

Pay,

Offer Travel Plan $\rightarrow$ Receive Travel Plan $\rightarrow$

Transportation Service

$\rightarrow$ Offer Transportation Options $\rightarrow$ Transportation

Service

$\rightarrow$ Receive Travel Options $\rightarrow$ Select Travel Options $\rightarrow$

Pay,

Offer Travel Plan $\rightarrow$ Receive Travel Plan

$\rightarrow$ Tourist Attractions Service $\rightarrow$ Offer Tourist

Attractions Options

$\rightarrow$ Tourist Attractions Service $\rightarrow$ Receive Travel

Options

$\rightarrow$ Select Travel Options $\rightarrow$ Pay,

Confirmation $\rightarrow$ Send Notifies,

Verify Credit Card,

$\cdots\}$

第三步：通过比较，定义 6.6 中的 $C(PN1 \mid \sum_{CN})$ 的执行顺序序列集合

与 $C(PN2 \mid \sum_{CN})$ 的执行顺序序列集合不能满足第一种和第二种情形。根

据第三种情形，在 PN1 中存在一个执行顺序序列

$\alpha =$ Offer Travel Plan$\rightarrow$Receive Travel Plan$\rightarrow$Accommodation Service

　　→Offer Accommodation Options→Accommodations Service

　　→Receive Travel Options→Select Travel Options→Pay→Verify Credit Card

　　→Confirm Booking→Send Notifies。

PN2 中存在一个执行顺序序列

β＝Offer Travel Plan→Receive Travel Plan→Accommodation Service

　　→Offer Accommodation Options→Accommodations Service

　　→Receive Travel Options→Select Travel Options→Pay。

可见 α 和 β 这两个执行顺序序列存在一个最大子执行顺序序列

$\alpha_{max}=\beta_{max}$

　　＝Offer Travel Plan→Receive Travel Plan→Accommodation Service

　　→Offer Accommodation Options→Accommodations Service

　　→Receive Travel Options→Select Travel Options→Pay。

满足情形(3)中所定义的条件,根据说明(3)可以判断 PN2 模型对 PN1 模型中的部分元素进行了细化。所以,判定业务过程模型 BS1 和业务场景模型 BP1 之间存在 BS1▷◁BP1,表明这两个模型是弱语义相容性。

　　因此,根据以上的业务目标模型与业务场景模型之间的语义一致性分析及业务场景模型与业务过程模型之间的语义相容性分析,业务目标模型、业务场景模型和业务过程模型中的每一个元素都可以被形式化模型验证。所以语义一致性的验证方案可以确保业务系统应用 GSP 建模方法建立正确、有效的 CIM 模型。

6.2　CIM 模型与 PIM 模型的一致性验证

　　在工作流视图下,以 EPN 模型作为"桥"模型实现 CIM 工作流模型至 PIM 工作流模型的自动转换。同时,通过执行一系列细化活动对转换后的 PIM 工作流模型进行完善和细化。经过完善和细化的 PIM 工作流模型如果改变了 CIM 抽象层次上业务过程模型中所规定的动作执行顺序,表明实现一个业务服务的执行流程被更改,说明对 PIM 工作流模型的细化和改进改变了业务需求,会造成分析与设计上的二义性。因此,对于一个业务系统来说,底层模型的细化和完善,是否造成业务系统功能需求的改变,对业务系统的最终质量产生重要的影响。因此,分析完善后的 PIM 工作流模型与 CIM 工作流模型之间的语义一致性显得尤为必要。接下来利用形式化验证方法验证 CIM 抽象层次上的 BPMN 模型与 PIM 抽象层次上的 SCM 模型之间的模型一致问题。

1. 基本思路

根据 5.2.2 节的转换定义,BPMN 模型至 SCM 模型的自动转换是基于形式化模型的转换。但在 PIM 抽象层次上由于需要进一步描述工作流的细节,BPMN 模型中的所有 SubProcess 元素在 SCM 模型中都被细化,表明底层模型对上一层模型进行了细化和提炼(refinement)操作。因此这两个模型的语义一致性验证主要考虑细化的 SCM 模型是否对 BPMN 模型中的原子活动及原子活动的业务执行顺序进行修改。

2. 验证方法

本节定义细化后的 SCM 模型与 BPMN 模型之间存在三种不同情形的细化:

(1) 分层独立,在细化的 SCM 模型中完全找不到一个 BPMN 模型中的事件或任务。

(2) 分层细化,在细化的 SCM 模型中存在一个参与者对象,当且仅当找到一个该参与者对象所作用的事件或任务,这一事件或任务在 BPMN 模型中也是由该参与者作用的。

(3) 部分细化,在细化的 SCM 模型中存在一些原子活动(事件或任务)与 BPMN 模型中的原子活动相互交织。

以 Travel Agency 业务系统为例,组合图 5.11 和图 5.12,完整的 Accommodation Service 的服务组成模型如图 6.6 所示,该模型中所有的活动或任务皆为原子活动,且不同参与者对象之间的流连接使用的是对象流。其中,在参与者 Travel Agency 活动中虚线框内的原子活动就是对 Accommodation Service 业务服务的细化;而在参与者 Broker Agent 活动中虚线框内的原子活动就是对 Offer Accommodation Options 业务服务的细化。由此可见,在细化的 Accommodation Service 业务服务原子活动中,原子活动 List Accommodation Options、Receive Selected Accommodation 和

Confirm Accommodation 分别与参与者 Customer 的原子活动 Receive Travel Options、Select Travel Options 和 Pay 相互交织。因此，可以判定 Travel Agency 业务系统中的 SCM 模型对 Accommodation Service、Transportation Service 和 Tourist Attractions Service 的细化属于部分细化。

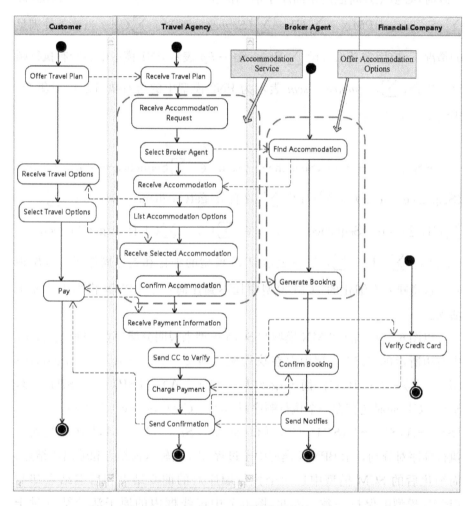

图 6.6　"Accommodation Service"业务服务的完整 SCM 模型

接下来从形式化语义上定义 CIM 抽象层次上的 BPMN 模型与 PIM 抽象层次上的 SCM 模型之间的三种不同情形的细化条件。

定义 6.7　给定 CIM 抽象层次的 BPMN 模型 BP1，PIM 抽象层次上的业务组成模型 SCM1，这两个模型的形式化 EPN 模型分别为 PN1 和 PN2，应用定义 6.4，$\sum C1$ 表示模型 BP1 中有限个事件的集合。$\sum C2$ 表示为模型 SCM1 中所有原子活动的集合。$\sum C = \sum C1 \cap \sum C2$ 表示为模型 BP1 与模型 SCM1 中相同原子活动的集合。在判断 SCM1 模型是否与 BP1 模型语义一致时，必须先判断他们相同原子活动的执行顺序对集合是完全一致的，即 $\sum(SequenceBPMN \mid \sum C) = \sum(SequenceSCM \mid \sum C)$。当该条件满足的情况下，应用定义 4.8，设 $\sum Sequence - bp$ 表示 PN1 模型中的所有执行顺序对集合，$\sum Sequence - scm$ 表示为 PN2 模型中的所有执行顺序对集合。则满足以下条件：

1）分层独立

$\forall Sequence - scm_i, Sequence - scm_j \in \sum Sequence - scm, \exists source$ $(Sequence - scm_i) \in \sum C1 \cap \sum C2$ 且 $target(Sequence - scm_i) \in \sum C2 - \sum C1, \exists source(Sequence - scm_j) \in \sum C2 - \sum C1$ 且 $target(Sequence - scm_j) \in \sum C1 \cap \sum C2$，则表示 PN2 模型的细化和提炼操作属于分层独立。这意味着在细化的 SCM 模型中找不到任何一个 BPMN 模型中的原子活动。

以图 6.7 所示的 BPMN 模型和 SCM 模型来说明分层独立的问题。图6.7 中右边所示的 SCM 模型中存在执行顺序对 $B \rightarrow SP1 - A$，其 $source(B \rightarrow SP1 - A) \in \{A, B, C\}$，而 $target(B \rightarrow SP1 - A) \in \{SP1 - A, SP1 - B, SP1 - C\}$；同时还存在一个执行顺序对 $SP1 - C \rightarrow C$，$source(SP1 - C \rightarrow C) \in \{SP1 - A, SP1 - B, SP1 - C\}$，而 $target(B \rightarrow SP1 - A) \in \{A, B, C\}$；这两个执行顺序对分别表示 BPMN 模型中子过程 SP1 的输入流结点和输出流结点。而细化后的 SCM 模型中这两个执行顺序对的前驱结点和后继结点却与 BPMN 模型中保持一致。因此，图 6.7 中虚线框内的原子活动结点对于 BPMN 模型中子过程 SP1 来说属于分层独立。

2）分层细化

$\forall Sequence - scm_i, Sequence - scm_j \in \sum Sequence - scm, \forall at_i \in$ $\sum C1 \cap \sum C2, \forall x, y \in \sum C2 - \sum C1, \exists sequence - scm_i = x \rightarrow at_i,$

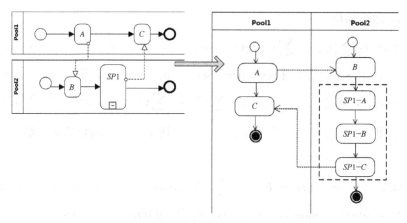

图 6.7　SCM 模型分层独立

sequence － scm$_j$ ＝ at$_i$ → y，则表明 PN2 模型针对 PN1 模型的细化和提炼操作属于分层细化。意味着在细化后的 SCM 模型中当且仅当能找到一个原子活动 at$_i$，该原子活动同时也在 BPMN 模型中存在。

　　以图 6.8 所示的 BPMN 模型和 SCM 模型来说明分层细化的问题。从图 6.8 右边所示的 SCM 模型中可见，原子活动 $B \in \sum C1 \cap \sum C2$，而与结点 B 存在执行顺序关系的结点 $SP1-A, SP1-B \in \sum C2 - \sum C1$，存在两个执行顺序对 $SP1-A \rightarrow B$ 和 $B \rightarrow SP1-B$。表明在子过程 $SP1$ 中将 BPMN 模型中的原子结点 B 作为细化模型中的原子活动，即原子结点 B 的直接前驱和直接后继都是属于子过程 $SP1$ 的原子活动。可见，图 6.8 中虚线框内的原子结点是子过程 $SP1$ 的分层细化。

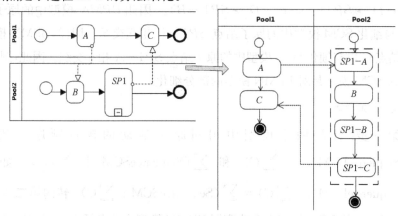

图 6.8　SCM 模型分层细化

3）部分细化

$$\forall at_i \in \sum C2 - \sum C1, \exists \text{Sequence} - scm_i = at_{i-1} \to at_i, Sequence -$$

$scm_j = at_{j-1} \to at_i$ 或者 $\exists \text{Sequence} - scm_i = at_i \to at_i + 1, \text{Sequence} - scm_j =$

$at_i \to at_{j+1}$，其中 $at_{i-1}, at_{i+1} \in \sum C2 - \sum C1, at_{j-1}, at_{j+1} \in \sum C1 \cap$

$\sum C2$，细化的 SCM 模型中至少有一个原子活动 at_i，它的紧邻前驱结点或者紧邻后继结点存在多个。

同时，$\forall \text{Sequence} - bp_i \in \sum \text{Sequence} - bp, \exists \text{source}(\text{sequence} - scm_j) = \text{source}(\text{sequence} - bp_i)$，或者 $\exists \text{target}(\text{sequence} - scm_j) = \text{target}(\text{sequence} - bp_i)$，表明细化的 SCM 模型中原子活动 at_i 的多个执行顺序对中至少存在一个执行顺序对，其源结点或者目标结点是 BPMN 模型中的原子活动。表明细化后的 PN2 模型中的原子活动结点与 PN1 模型中的原子结点存在相互交织的情况。满足这种条件的 PN2 模型针对 PN1 模型的细化和提炼操作属于部分细化。

以图 6.9 所示的 BPMN 模型和 SCM 模型来说明部分细化的问题。从图 6.9 右边的 SCM 模型可见，与原子活动结点 $SP1-B$ 有关的执行顺序对包括 3 个：$SP1-A \to SP1-B, D \to SP1-B, SP1-B \to SP1-C$，而与这 3 个执行顺序对有关的结点中，$SP1-A, SP1-B, SP1-C \in \sum C2 - \sum C1$，而结点 $D \in \sum C1 \cap \sum C2$。表明结点 $SP1-B$ 的紧邻前驱结点 D 是 BPMN 模型中的原子结点，且原子结点 D 也正好是子过程 $SP1$ 的紧邻前驱结点，即 $\text{source}(D \to SP1) = \text{source}(D \to SP1-B)$。因此 $BPMN$ 模型中的原子结点 D 与细化 SCM 模型中的原子结点 $SP1-B$ 相互交织。同样，BPMN 模型中的结点 C 也与细化 SCM 模型中的原子结点 $SP1-A$ 相互交织。因此，图 6.9 所示的 SCM 模型是对 BPMN 模型的部分细化。

3. 验证步骤

第一步：计算两个模型中相同原子活动的执行顺序对集合 $\sum(\text{SequenceBPMN} \mid \sum C)$ 和 $\sum(\text{SequenceSCM} \mid \sum C)$。如果 $\sum(\text{SequenceBPMN} \mid \sum C) = \sum(\text{SequenceSCM} \mid \sum C)$，转向第二步；否则，表明细化的 SCM 模型完全改变了 BPMN 模型中业务活动执行顺序，导致

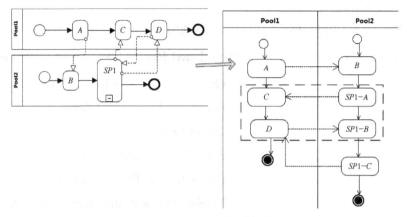

图 6.9　SCM 模型部分细化

业务视图模型与系统视图模型不一致。

第二步：分别计算 PN1 模型和 PN2 模型的所有执行顺序对 $\sum(\text{Sequence}-\text{bp} \mid \sum C1)$ 和 $\sum(\text{Sequence}-\text{scm} \mid \sum C2)$。

第三步：计算 PN2 模型中细化的所有原子活动结点 $\sum C2 - \sum C1$。

第四步：应用定义 6.7 的三种条件进行比较分析。

4. 验证实例

根据以上四个验证步骤，以 Travel Agency 业务系统为例，分析图 4.16 所示的 BPMN 模型与图 6.6 所示的细化 SCM 模型之间的语义一致性问题。可见图 6.6 所示的 SCM 模型是细化了图 4.16 中 Accommodation Service 业务服务和 Offer Accommodation Options 业务服务。图 6.6 中左边虚线框中的原子结点是 Accommodation Service 子过程的细化。因此，设图 4.17 所示的 BPMN 模型的 EPM 模型为 PN1，图 6.6 所示的 SCM 模型的 EPN 模型为 PN2。

第一步：首先计算两个模型的相同结点集合

$$\sum C = \sum C1 \bigcap \sum C2$$

= {Offer Travel Plan, Receive Travel Options, Select Travel Options, Pay, Receive Travel Plan, Receive Payment Information, Send CC to Verify, Charge Payment, Send Confirmation, Confirm Booking, Send Notifies, Verify Credit

Card}。

然后计算 BPMN 模型的相同原子活动的执行顺序对集合

$$\sum (\text{SequenceBPMN} \mid \sum C) = \{ \text{Offer Travel Plan} \rightarrow \text{Receive Travel Options},$$

$$\text{Offer Travel Plan} \rightarrow \text{Receive Travel Plan},$$

$$\text{Receive Travel Options} \rightarrow \text{Select Travel Options},$$

$$\text{Select Travel Options} \rightarrow \text{Pay},$$

$$\text{Pay} \rightarrow \text{Receive Payment Information},$$

$$\text{Receive Payment Information} \rightarrow \text{Send CC to Verify},$$

$$\text{Send CC to Verify} \rightarrow \text{Charge Payment},$$

$$\text{Charge Payment} \rightarrow \text{Send Confirmation},$$

$$\text{Send CC to Verify} \rightarrow \text{Verify Credit Card},$$

$$\text{Verify Credit Card} \rightarrow \text{Charge Payment},$$

$$\text{Send Confirmation} \rightarrow \text{Confirm Booking},$$

$$\text{Confirm Booking} \rightarrow \text{Send Notifies},$$

$$\text{Send Notifies} \rightarrow \text{Send Confirmation},$$

$$\text{Send Confirmation} \rightarrow \text{Pay} \}。$$

最后计算 SCM 模型的相同原子活动的执行顺序对集合

$$\sum (\text{SequenceSCM} \mid \sum C) = \{ \text{Offer Travel Plan} \rightarrow \text{Receive Travel Options},$$

$$\text{Offer Travel Plan} \rightarrow \text{Receive Travel Plan},$$

$$\text{Receive Travel Options} \rightarrow \text{Select Travel Options},$$

$$\text{Select Travel Options} \rightarrow \text{Pay},$$

$$\text{Pay} \rightarrow \text{Receive Payment Information},$$

$$\text{Receive Payment Information} \rightarrow \text{Send CC to Verify},$$

$$\text{Send CC to Verify} \rightarrow \text{Charge Payment},$$

$$\text{Charge Payment} \rightarrow \text{Send Confirmation},$$

$$\text{Send CC to Verify} \rightarrow \text{Verify Credit Card},$$

Verify Credit Card → Charge Payment,

Send Confirmation → Confirm Booking,

Confirm Booking → Send Notifies,

Send Notifies → Send Confirmation,

Send Confirmation → Pay}。

可以得出 $\sum(\text{SequenceBPMN} \mid \sum C) = \sum(\text{SequenceSCM} \mid \sum C)$，表明细化后的 SCM 模型中,其业务服务活动的执行顺序与 BPMN 模型中的执行顺序保持一致(顺序流一致),其消息发送者与消息接收者与 BPMN 模型保持一致(消息流一致)。

第二步:计算 PN1 模型和 PN2 模型的所有执行顺序对 $\sum(\text{Sequence} - \text{bp} \mid \sum C1)$ 和 $\sum(\text{Sequence} - \text{scm} \mid \sum C2)$。其中,

$\sum(\text{Sequence} - \text{bp} \mid \sum C1) = \{$ Offer Travel Plan → Receive Travel Plan,

Offer Travel Plan → Receive Travel Options,

Receive Travel Plan → Accommodation service,

Accommodation Service → Offer Accommodation Options,

Offer Accommodation Options → Accommodation Service, Accommodation Service → Receive Travel Options,

Select Travel Options → Accommodation Service,

Accommodation Service → Receive Payment Information,

… }

$\sum(\text{Sequence} - \text{scm} \mid \sum C2) = \{$ Offer Travel Plan → Receive Travel Plan,

Offer Travel Plan → Receive Travel Options,

Receive Travel Plan → Receive Accommodation Request，

Receive Accommodation Request → Select Broker Agent，

Select Broker Agent → Receive Accommodation，

Select Broker Agent → Find Accommodation，

Find Accommodation → Receive Accommodation，

Receive Accommodation → List Accommodation Options，

List Accommodation Options → Receive Travel Options，

Receive Travel Options → Select Travel Options，

Select Travel Options → Receive Selected Accommodation，

Receive Selected Accommodation → Confirm Accommodation，Confirm Accommodation → Pay，

Confirm Accommodation → Receive Payment Information，

Confirm Accommodation → Generate Booking，

··· }

第三步：计算 PN2 模型中细化的所有原子活动结点。

$$\sum C2 - \sum C1 = \{\text{Receive Accommodation Request，Select Broker Agent，Receive Accommodation，List Accommodation Options，Receive Selected}$$

Accommodation，Confirm Accommodation，Find
Accommodation，Generate Booking}

$\sum C2-\sum C1$ 集合中的原子活动结点就是 PN1 模型中子 EPN 模型
Accommodation Service 和 Offer Accommodation Options 的细化。

第四步：比较分析。在 $\sum$（Sequence－scm｜$\sum C2$）执行顺序对集合中，
存在几个原子活动结点如 List Accommodation options 的紧邻后继、Receive
Selected Accommodation 的紧邻前驱和 Confirm Accommodation 的紧邻后
继不属于 SCM 模型细化的原子活动，即存在

target(List Accommodation Options → Receive Travel Options) $\notin$
$\sum C2-\sum C1$，

source(Select Travel Options → Receive Selected Accommodation) $\notin$
$\sum C2-\sum C1$，

target(Confirm Accommodation → Pay) $\notin \sum C2-\sum C1$。

表明这几个原子结点的紧邻前驱和紧邻后继有多个。

同时，$\forall$ Accommodation Service → Receive Travel Options $\in$
$\sum$（Sequence－bp｜$\sum C1$），

$\exists$ target（Accommodation Service→Receive Travel Options）＝target
(List Accommodation Options→Receive Travel Options)，

从以上 4 个模型验证步骤可知，SCM 模型中细化的原子活动结点与
BPMN 模型中的原子活动结点存在相互交织的情况。因此 Travel Agency 业
务系统中的 SCM 模型与 BPMN 模型满足定义 6.7 中的第三个条件，表明图
6.6 所示的 SCM 模型是对图 4.16 所示的 BPMN 模型的部分细化，细化后的
SCM 模型与 CIM 抽象层次上的 BPMN 模型在语义上保持一致。

6.3　本章小结

本章首先分析了 GSP 建模框架中以 GRL 模型代表的业务目标模型与
UCM 模型代表的业务场景模型的语义一致性，提出了满足完全语义一致性、

部分语义一致性和弱语义一致性的条件；然后根据扩展的 Petri 网模型，设计类 Petri 网的语言 C，并利用该语言定义完全语义相容、部分语义相容和弱语义相容三种情形的 UCM 模型与 BPMN 模型之间的语义一致性问题；最后，本章在工作流视图下分析 CIM 抽象层次上的 BPMN 模型与 PIM 抽象层次上的 SCM 模型的语义一致性。由于 BPMN 模型中的所有子过程在 SCM 模型中都将被细化，因此，本书通过提取 BPMN 模型与 SCM 模型的公共原子活动，根据分层独立、分层细化和部分细化 3 种情形验证细化的 SCM 模型与 BPMN 模型之间的语义一致性。

通过验证 Travel Agency 实例中模型与模型之间的一致性，其验证结果表明，本书设计的语义一致性验证方案并不是根据一对一的映射规则来分析源模型与目标模型的一致性，而是根据不同条件下的语义来设计源模型与目标模型之间的语义一致性验证方案。因此，本章定义的语义一致性验证策略可以保证应用 GSP 建模方法建立的 CIM 模型是一致性的，从而保证 PIM 工作流细化模型与 CIM 工作流模型语义一致。

参考文献

［1］曹江，毛新军，王怀民，等.复杂自适应多 Agent 系统的模型驱动开发方法［J］.计算机科学，2012,39(2):126-131.

［2］马坤.模型驱动架构下模型及模型转换方法关键问题研究［D］.济南:山东大学，2011.

［3］OMG. MDA Guide Version 1.0［EB/OL］. http://www.omg.org/cgi-bin/doc? omg/03-06-01.pdf.

［4］Kirikova M, Finke A, Grundspenkis J. What is CIM:An Information System Perspective［C］.//ADBIS 2009 Workshops, LNCS 5968, Berlin:Springer, 2010:169-176.

［5］Fabra J, De Castro V, Álvarez P. Automatic execute in of business process models: Exploiting the benefits of Model-driven Engineering approaches［J］. The Journal of Systems and Software, 2012,85(3):607-625.

［6］Rodríguez A, Fernández-Medina E, Piattini M. Towards CIM to PIM Transformation:From Secure Business Processes Defined in BPMN to Use-Cases［C］.//BPM.Springer Heidelberg,2007:408-415.

［7］Deng J, Chen B, Zeng J Z. Model Transformation Method for Compensation Events and Tasks from Business Process Model to Flowchart［J］. Lecture Notes in Computer Science, 2012, 7473:468-476.

［8］Lano K, Kolahdouz-Rahimi S, Tehrani S Y, et al. A survey of model transformation design patterns in practice［J］. The Journal of Systems and Software, 2018,140: 48-73.

[9] Rhazali Y, Hadi Y, Mouloudi A. Model Transformation with ATL into MDA from CIM to PIM Structured through MVC[J]. Procedia Computer Science, 2016,83:1096－1101.

[10] Bollati V A, Vara J M, JiménezÁ, et al. Applying MDE to the (semi-)automatic development of model transformations[J]. Information and Software Technology,2013, 55(4):699－718.

[11] Lano K, Kolahdouz-Rahimi S. Constraint-based specification of model transformations[J]. The Journal of Systems and Software,2013,86: 412－436.

[12] NečasKý M, Mlýnková J, KlimeK J M. When conceptual model meets grammar: Adual approach to XML data modeling [J]. Data & Knowledge Engineering. 2012, 72:1－30.

[13] RaventósR, OlivéA, An object-oriented operation-based approach to translation between MOF metaschemas[J]. Data & Knowledge Engineering. 2008, 67: 444－462.

[14] Fabra J, Álvarez P, Banares J et al. DENEB: a platform for the development and execution of interoperable dynamic web processes [J]. Concurrency and Computation: Practice and Experience, 2011, 23(8): 2421－2451.

[15] 李宗花,周晓峰,顾爱华,等. CIM 建模及模型形式化方法研究综述[J]. 计算机应用研究, 2014, 31(10):2896－2901.

[16] Van Lamsweerde. Goal-oriented requirements engineering: a guided tour[J]. Requirements Engineering, 2001: 249－262.

[17] Bernardo M, Inverardi P. Formal Methods for Software Architectures [M]. Berlin:Springer-Verlag Press, 2003.

[18] Touzi J, Benaben F, Pingaud H. A model-driven approach for collaborative service-oriented architecture design[J]. International Journal of Production Economics, 2009,121(1): 5－20.

[19] Bousetta B, Beggar O E, Gadi T. A methodology for CIM modelling and its transformation to PIM [J]. Journal of Information Engineering and Applications, 2013, 3(2):1－21.

[20] Gordijn J, Yu E, Raadt B V. E-service design using i* and e³ value modeling[J]. IEEE Software,2006,23(3):26 – 33.

[21] Rocha R S, Fantinato M. The use of software product lines for business process management: A systematic literature review [J]. Information and Software Technology, 2013, 55(8):1355 – 1373.

[22] Yeung W L. Behavioural modeling and verification of multi-agent systems for manufacturing control[J]. Expert Systems with Applications, 2011, 38(11):13555 – 13562.

[23] Verdouw CN, Beulens A J M, Trienekens JH, et al. Process modelling in demand-driven supply chains: A reference model for the fruit industry[J]. Computers and Electronics in Agriculture, 2010,73(2):174 – 187.

[24] Gordijn J, Akkermans J M. Value-based requirements engineering: exploring innovative e-commerce ideas [J]. Requirements Engineering, 2003,8(2):114 – 134.

[25] Castro V De, Marcos E, Vara J M. Applying CIM-to-PIM model transformations for the service-oriented development of information systems [J]. Information and Software Technology, 2011,53(1):87 – 105.

[26] Zdravkovic J, Ilayperuma T. A Model-driven Approach for Designing E-Services Using Business Ontological Frameworks, in: Proceedings of 14th IEEE International Enterprise Distributed Object Computing Conference[C]. IEEE Computer Society, 2010:121 – 130.

[27] Sharma R, Sood M. Cloud SaaS: Models and Transformation [J]. Communications in Computer and Information Science,2011, 205(25):305 – 314.

[28] Kherraf S, LefebvreÉ, Suryn W. Transformation From CIM to PIM Using Patterns and Archetypes.//19th Australian Conference on Software Engineering[C], IEEE Computer Society, 2008:328 – 346.

[29] Zachman Framework[EB/OL]. WWW.Zachman.com.

[30] Che Y, Wang G, Ren B Y. Research on Application of Model-Driven Architecture in the Development Process of Enterprise Information System[J].Wireless Communications, Networking and Mobile Computing,

2008:1 - 4.

[31] 刘英博，徐云龙，张力. 基于多层次模型的 MRO 系统建模[J]. 计算机集成制造系统，2010，16(10):2078 - 2086.

[32] Zhang W，Wei H，Zhao H Y，et al. Transformation from CIM to PIM: A Feature-Oriented Component-Based Approach. in: Proceeding MoDELS'05 Proceedings of the 8th International Conference on Model Driven Engineering Languages and Systems[C]，2005: 248 - 263.

[33] Pahl C. Semantic model-driven architecting of service-based software systems[J]. Information and Software Technology，2007，49:838 - 850.

[34] 吴雷. 现代服务业 ERP 系统的模型驱动开发与优化研究[D].合肥：合肥工业大学，2012.

[35] Xiu J P，Xu Y T，Deng F，et al. A Petri Net-based approach for data race detection in BPEL[J]. The Journal of China Universities of Posts and Telecommunications，2010，17(2):10 - 15.

[36] Mohagheghi P，Dehlen V. Where is the proof? -a review of experiences from applying MDE in industry//Proceedings of the 4th European Conference on Model Driven Architecture Foundations and Applications (ECMDA'08)[C]，LNCS 5095，2008:432 - 443.

[37] Rodríguez A，Fernández-Medina E，Trujillo J，et al. Secure business process model specification through a UML 2.0 activity diagram profile[J]. Decision Support Systems,2001,51(3):446 - 465.

[38] Osis J，Donins U. Formalization of the UML Class Diagrams，in: Proceeding of 3rd and 4th International Conferences on Evaluation of Novel Approaches to Software Engineering，Funchal，Madeira，Portugal，2008 / Milan，Italy[C]，2009，Berlin:Springer，2010.

[39] Büttner F，Gogolla M. On OCL-based imperative languages[J]. Science of Computer Programming，2014,92(10):162 - 178.

[40] Cabot J，Clarisó R，Riera D. On the verification of UML/OCL class diagrams using constraint programming[J]. Journal of Systems and Software，2014，93(7):1 - 23.

[41] Farré C，Queralt A，Rull G，et al. Automated reasoning on UML

conceptual schemas with derived information and queries[J]. Information and Software Technology,2013,55(9): 1529 – 1550.

[42] Wong P Y H, Gibbons J. Formalisations and applications of BPMN[J]. Science of Computer Programming,2011,76(8): 633 – 650.

[43] 刘璘,毛新军. Agent 目标与情景结合的需求分析方法[J].计算机工程与科学,2010, 32(6):1 – 8.

[44] Ye Y, Jiang Z B, Diao X D, et al. Extended event-condition-action rules and fuzzy Petri nets based exception handling for workflow managemen [J]. Expert Systems with Applications, 2011, 38:10847 – 10861.

[45] Hsieh F S, BonLin J. Development of context-aware workflow systems based on Petri Net Markup Language[J]. Computer Standards & Interfaces, 2014,36: 672 – 685.

[46] Bernaschina C, Comai S, Fraternali P. Formal semantics of OMG's Interaction Flow Modeling Language (IFML) for mobile and rich-client application model driven development[J]. Journal of Systems and Software, 2018,137:239 – 260.

[47] Dijkman R M, Dumas M, Ouyang C. Semantics and analysis of business process models in BPMN [J]. Information and Software Technology, 2008, 50(12):1281 – 1294.

[48] Sun Y, Zhang H. A software safety analysis method based on S-invariant of Petri Net. in: Proceeding of Reliability, Maintainability and Safety (ICRMS)[C], 2011: 487 – 492.

[49] Kheldoun A, Barkaoui K, Ioualalen M. Formal verification of complex business processes based on high-level Petri nets[J]. Information Sciences, 2017,385 – 386:39 – 54.

[50] Saini A, Thiry L. Functional Programming for Business Process Modeling[J]. IFAC-PapersOnLine, 2017,50(1):10526 – 10531.

[51] Cao B, Hong F, Wang J X, et al. Workflow difference detection based on basis paths[J]. Engineering Applications of Artificial Intelligence, 2019, 81(3):420 – 427.

[52] Mendoza L E, Capel M I, Pérez M A. Conceptual framework for

business processes compositional verification[J]. Information and Software Technology, 2012, 54(2):149-161.

[53] Henderson-Sellers B. Bridging metamodels and ontologies in software engineering[J]. The Journal of Systems and Software, 2011, 84: 301-313.

[54] OMG. Ontology definition metamodel[M]. 2005.

[55] 金芝,刘璘,金英.软件需求工程:原理和方法[M].北京:科学出版社,2008:88-89.

[56] Kostin A E. Reachability analysis in T-invariant-less Petri Nets[J]. IEEE Transactions on Automatic Control, 2003,48(6):1019-1024.

[57] Garrido J L, Noguera M, González M. Definition and use of Computation Independent Models in an MDA-based groupware development process[J]. Science of Computer Programming, 2007,66(1):25-43.

[58] Pires P F, Delicato F C, Cóbe R, et al. Integrating ontologies, model driven, and CNL in a multi-viewed approach for requirements engineering[J]. Requirements Eng,2011,16(2): 133-160.

[59] 王兵山,毛晓光,刘万伟. 高级范畴论[M].北京:清华大学出版社,2012.

[60] Van Lamsweerde. From System Goals to Software Architecture// Bernardo M, Inverardi P. Formal Methods for Software Architectures. LNCS 2804[C], Benlin:Springer-Verlag, 2003.

[61] Koubarakis M, Plexousakis D. A formal framework for business process modelling and design[J]. Information Systems, 2002, 27: 299-319.

[62] Czarnecki K, Helsen S. Feature-based Survey of Model Transformation Approaches[J]. IBM Systems Journal, 2006, 45(3): 621-645.

[63] 张康康,赵建华. MDA 模型转换工具的研究[J].计算机应用与软件,2009, 26(8): 122-124, 135.

[64] Hsu I C, Ting D H, Hsueh N L. MDA-based visual modeling approach for resources link relationships using UML profile[J]. Computer Standards & Interfaces, 2014,36: 648-656.

[65] ZadahmadJafarlou M, Moeini A, YousefzadehFard P. New process:

pattern-based model driven architecture[J]. Procedia Technology，2012,1：426 – 433.

[66] Yacoubs M，Ammar H H. Pattern-Oriented Analysis and Design Composing Patterns to Design Software Systems[M]. New Jersey：Addison Wesley，2004.

[67] Wang J，Song Y T，Chung L. From software architecture to design pattern：a case study of an NFR approach//Proceedings of the Sixth International Conference on Software Engineering. Artificial Intelligence，Networing and Parallel/Distributed Computing and First ACIS International W6rkshop on Self-Assembling Wireless Networks [C]，Towson，Washington DC：IEEE ComputerSociety，2005.

[68] Kherraf S，LefebvreÉ，Suryn W. Transformation From CIM to PIM Using Patterns and Archetypes//Proceeding of 19th Australian Conference on Software Engineering[C]. IEEE Computer Society，2008：328 – 346.

[69] Rodríguez A，García-Rodríguez de Guzmán I，Fernández-Medina E，et al. Semi-formal transformation of secure business processes into analysis class and use case models：An MDA approach[J]. Information and Software Technology，2010(52) 945 – 971.

[70] Rutle A，Rossini A，Lamo Y，et al. A formal approach to the specification and transformation of constraints in MDE[J]. Journal of Logic and Algebraic Programming，2012，81(4)：422 – 457.

[71] Prat N，Akoka J，Comyn-Wattiau I. An MDA approach to knowledge engineering[J]. Expert Systems with Applications，2012，39：10420 – 10437.

[72] Iacob M. E，Steen M. W. A，Heerink L. Reusable Model Transformation Patterns// Conference of Enterprise Distributed Object Computing Conference Workshops[C]，2008.

[73] Alfonso R，Eduardo F. M，Mario P. Towards Obtaining Analysis-level Class and Use Case Diagrams from Business Process Models[J]. Lecture Notes in Computer Science，2008，5232：103 – 112.

［74］Zhang L，Jiang W. Transforming Business Requirements into BPEL：a MDA-Based Approach to Web Application Development//IEEE International Workshop on Semantic Computing and Systems［C］，IEEE computer society. 2008：61－66.

［75］Cao X X.，Miao H K，Chen Y H. Transformation from computation independent model to platform independent model with pattern［J］. J. Shanghai Univ，2008，12(6)：515－523.

［76］Rossini A. Diagram Predicate Framework meets Model Versioning and Deep Metamodelling［D］. University of Bergen，Norway，2011.

［77］Rabbi F，Lamo Y，Yu I C，et al. A Diagrammatic Approach to Model Completion. In the 4th Workshop on the Analysis of Model Transformations (AMT)［C］，AMT，2015.

［78］Rouser S，Bauer B. Ontology-based Model Transformation［J］. Lecture Notes in Computer Science，2006，3844：355－356.

［79］Arevaloa C，Escalona M J，Ramos I，et al. A metamodel to integrate business processes time perspective in BPMN 2.0［J］. Information and Software Technology，2016，77(9)：17－33.

［80］Estañol M，Sancho M R，TenienteE. Ensuring the semantic correctness of a BAUML artifact-centric BPM［J］. Information and Software Technology，2018，93(1)：147－162.

［81］张建富,冯平法,吴志军,等.基于本体活动的业务建模及映射方法的研究［J］.计算机集成制造系统，2008，14(10)：1919－1926.

［82］赵建勋,张振明,田锡天,等.本体及其在机械工程中的应用综述［J］.计算机集成制造系统,2007，13(4)：727－737.

［83］余金山，周武斌. MDA 模型转换的 OCL 扩展［J］. 小型微型计算机系统，2012，33(3)：548－551.

［84］Fallside D C. XML Schema Part 0：Primer Second Edition［EB/OL］. 2004－10－28. http://www.w3.org/TR/2004/REC-xmlschema－0－20041028/primer.html.

［85］Klyne G，Carroll J. Resource Description Framework (RDF)：Concepts and abstract syntax［EB/OL］. 2004－2－25. http://www.w3.org/

TR/rdf-concepts/.

[86] Smith M K, Welty C, Mcguinness D L. OWL Web Ontology Language Guide[EB/OL]. 2009 - 11 - 12. http://www.w3.org/ TR/owl-guide/.

[87] Mazanek S, Hanus M. Constructing a bidirectional transformation between BPMN and BPEL with a functional logic programming language[J]. Journal of Visual Languages and Computing, 2011; 22(1):66 - 89.

[88] Lemrabet Y, Liu H, Bourey J P. Proposition of Business Process Modelling in Model Driven Interoperability Approach at CIM and PIM Levels: Proc of the I-ESA Conferences[C], Berlin: Springer, 2012.

[89] Guerrero-García J. Evolutionary design of user interfaces for workflow information systems[J]. Science of Computer Programming,2014, 86: 89 - 102.

[90] Sanchez Cuadrado J, Guerra E, De Lara J. A Component Model for Model Transformations//Proceeding of Software Engineering[C], IEEE Transactions, 2014,40(11): 1042 - 1060.

[91] Yoo T, Jeong B, Cho H. A Petri nets based functional validation for services composition[J]. Expert Systems with Applications, 2010, 37 (3): 768 - 776.

[92] Ameedeen M A, Bordbar B A Model Driven Approach to Represent Sequence Diagrams as Free Choice Petri Nets//Proceeding of 12th International IEEE Enterprise Distributed Object Computing Conference [C], 2008.

[93] Meedeniya D, Perera I. Model based software design: Tool support for scripting in immersive environments//Proceeding of 8th IEEE International Conference on Industrial and Information Systems (ICIIS)[C], 2013.

[94] Meedeniya D. Bowles J, Perera I. SD2CPN: A model transformation tool for software design models. in: Proceeding of Computer Science and Engineering Conference (ICSEC), Khon Kaen[C], 2014.

[95] Tello-Leal E, Chiotti O, Villarreal P D. An Agent-Based B2B

Collaboration Platform for Executing Collaborative Business Processes//
Proceeding of the Software Services for e-World: 10th IFIP WG 6. 11
Conference on e-Business, e-Services, and e-Society, Buenos Aires,
Argentina[C], 2010.

[96] Faria J P, Paiva A C R. A toolset for conformance testing against
UML sequence diagrams based on event-driven colored Petri nets [J].
International Journal on Software Tools for Technology Transfer, 2014, 9:
1 - 20.

[97] Khan M U. Representing Security Specifications in UML State
Machine Diagrams[J]. Procedia Computer Science, 2015, 56: 453 - 458.

[98] Hsieh F S, Lin J B. Development of context-aware workflow
systems based on Petri Net Markup Language[J]. Computer Standards &
Interfaces, 2014, 36(3): 672 - 685.

[99] Costa A, Barbosa P, Gomes L, et al. Properties Preservation in
Distributed Execution of Petri Nets Models [J]. IFIP Advances in
Information and Communication Technology, 2010, 314:241 - 250.

[100] Yang N. H, Yu H. Q, Sun, et al. Modeling UML sequence
diagrams using extended Petri nets[J]. Telecommunication Systems,2012,
51:147 - 158.

[101] Rodriguez R J, Gomez-Martinez E. Model-Based Safety Assessment
Using OCL and Petri Nets//Proceeding of Software Engineering and Advanced
Applications (SEAA)[C], 2014.

[102] Moutinho F, Gomes L, Barbosa P, et al. Monteiro, Petri Net
Based Specification and Verification of Globally-Asynchronous-Locally-
Synchronous System. in: Proceeding of the Technological Innovation for
Sustainability IFIP Advances in Information and Communication Technology[C].
2011, 349: 237 - 245.

[103] Pais R, Gomes L, Barros J. P. Towards Statecharts to Input-
Output Place Transition Nets Transformations. in: Proceeding of the
Technological Innovation for Sustainability IFIP Advances in Information
and Communication Technology[C], 2011,349: 227 - 236.

[104] Goknila A, Kurtev I, Van Den Berg K. Generation and validation of traces between requirements and architecture based on formal trace semantics[J]. The Journal of Systems and Software, 2014, 88:112 - 137.

[105] De Backer M, Snoeck M, Monsieur G, et al.MDA Guide Version the compatibility of collaborative business processes[J]. Data & Knowledge Engineering, 2009, 68: 531 - 551.

[106] Ni Y, Fan Y. S. Model transformation and formal verification for Semantic Web Services composition[J]. Advances in Engineering Software, 2010, 41(6): 879 - 885.

[107] Patig S, Stolz M. A pattern-based approach for the verification of business process descriptions[J]. Information and Software Technology, 2013, 55: 58 - 87.

[108] Sheng Q Z, Maamar Z, Yao L, et al. Behavior modeling and automated verification of Web services[J]. Information Sciences, 2014, 258: 416 - 433.

[109] Mendoza L E, Capel M I, Pérez M A. Conceptual framework for business processes compositional verification[J]. Information and Software Technology, 2012,54:149 - 161.

[110] Braga C, Santos C, da Silva V T. Consistency of model transformation contracts[J]. Science of Computer Programming, 2014, 92: 86 - 104.

[111] González C A, Cabot J. Formal verification of static software models in MDE: A systematic review[J]. Information and Software Technology, 2014, 56: 821 - 838.

[112] Aceituna D, Walia G, Do H, et al. Model-based requirements verification method: Conclusions from two controlled experiments [J]. Information and Software Technology, 2014, 56: 321 - 334.

[113] Dumez C, Bakhouya M, Gaber J, et al. Model-driven approach supporting formal verification for web service composition protocols[J]. Journal of Network and Computer Applications, 2013, 36:1102 - 1115.

[114] 王正,许德武,韩建民,等.一种高阶权限指派约束的安全性与一致

性验证[J].计算机工程,2018,44(1):171-175.

[115] 赵培海,王咪咪,方贤文.基于网进程的模型一致性分析方法[J].计算机科学,2016,43(11):242-245.

[116] 杜彦华,于泽. 时序约束下 Guard-Stage-Milestone 业务模型的一致性验证与异常处理[J].系统工程理论与实践,2016,36(8):2108-2126.

[117] 崔红军,黄美锋,吴振宇.基于 OCL 约束建模的嵌入式软件安全性分析[J].计算机工程,2018,44(6):270-278.

[118] Calegari D, Szasz N. Verification of Model Transformations A Survey of the State-of-the-Art[J]. Electronic Notes in Theoretical Computer Science, 2013, 292: 5-25.

[119] Lucas F J, Molina F, Toval A. A systematic review of UML model consistency management[J]. Information and Software Technology, 2009, 51: 1631-1645.

[120] F. Solms, D. Loubser. Generating MDA's platform independent model using URDAD[J]. Knowledge-Based Systems, 2009(22) 174-185.

[121] OMG. Unified Modeling Language: Superstructure[EB/OL]. Version 2.0, 2005. http://www.omg.org/spec/UML/.

[122] OMG. Meta Object Facility (MOF) Specification[EB/OL]. Version 1.4, 2002. http://www.omg.org/spec/MOF/1.4.

[123] OMG. Common Warehouse Metamodel (CWM)[EB/OL]. Version 1.1, 2003. http://www.omg.org/spec/CWM/1.1.

[124] OMG. Common Object Request Broker Architecture (CORBA)[EB/OL]. Version 3.3, 2012. http://www.omg.org/spec/CORBA/3.3.

[125] Domínguez E, Lloret J, Pérez B, et al. Evolution of XML schemas and documents from stereotyped UML class models: A traceable approach[J]. Information and Software Technology, 2011, 53: 34-50.

[126] 陈湘萍,黄罡,宋晖,等.基于 MOF 的软件体系结构分析结果集成框架[J].软件学报,2012,23(4):831-845.

[127] Daw Z, Cleaveland R. Comparing model checkers for timed UML activity diagrams[J]. Science of Computer Programming, 2015, 111: 277-299.

[128] Boulil K, Bimonte S, Pinet F. Conceptual model for spatial data cubes: A UML profile and its automatic implementation[J]. Computer Standards & Interfaces, 2015, 38: 113 - 132.

[129] Jesús Pardillo, Cristina Cachero. Domain-specific language modelling with UML profiles by decoupling abstract and concrete syntaxes[J]. The Journal of Systems and Software, 2010, 83: 2591 - 2606.

[130] Barr M, Wells C.Category theory for computing science[M]. Prentice-Hall, Upper Saddle River, 2012.

[131] Fiadeiro J L. Categories for software engineering [M]. Berlin: Springer, 2005.

[132] Zhu M, Grogono P, Ormandjieva O, et al. Using category theory and data flow analysis for modeling and verifying properties of communications in the process-oriented language Erasmus//Proceedings of the Seventh C * Conference on Computer Science and Software Engineering, Montreal, Canada[C], 2014.

[133] Ormandjieva O, Bentahar J, Huang J, et al. Modelling multi-agent systems with category theory[J]. Procedia Computer Science, 2015, 52:538 - 545.

[134] Dechsupa C, Vatanawood W, Thongtak A. Hierarchical Verification for the BPMN Design Model Using State Space Analysis[J]. IEEE Access, 2019, 7:16795 - 16815.

[135] Dechsupa C, Vatanawood W, Thongtak A. Transformation of the BPMN Design Model into a Colored Petri Net Using the Partitioning Approach[J]. IEEE Access, 2018(6):38421 - 38436.

[136] 赵文,袁崇义,张世琨,等. 一种模型驱动的工作流过程定义途径[J].计算机科学,2006, 33(12):10 - 15.

[137] Philippi S. Automatic code generation from high-level Petri-Nets for model driven systems engineering[J]. Journal of Systems and Software, 2006, 79(10): 1444 - 1455.

[138] van der Aalst W M P, ter Hofstede A H M. YAWL: yet another workflow language[J]. Information Systems, 2005, 30(4): 245 - 275.

[139] Bossa[EB/OL]. http://www.bigbross.com/bossa/.

[140] JuanBoubeta P, Díaz G, aciàH. M, et al. MEdit4CEP-CPN: An approach for complex event processing modeling by prioritized colored petri nets[J]. Information Systems, 2019,18(3):267 – 289.

[141] Kim R, Gangolly J, Elsas P. A framework for analytics and simulation of accounting information systems: A Petri net modeling primer [J]. International Journal of Accounting Information Systems, 2017, 27 (11): 30 – 54.

[142] Billington J, Christensen S, van Hee K, et al. The Petri Net Markup Language: concepts, technology, and tools[J]. Lecture Notes in Computer Science, 2003, 2679: 483 – 505.

[143] Jüngel M, Kindler E, Weber M. The Petri Net Markup Language [J]. Petri Net Newsl, 2000, 59: 24 – 29.

[144] PNML Tools[EB/OL]. http://www.pnml.org/tools.php.

[145] Jouault F, Allilaire F, Bezivin J, et al. ATL: a model transformation tool[J]. Science of Computer Programming, 2008, 72(1 – 2): 31 – 39.

[146] OMG. Meta Object Facility (MOF) 2.0 Query/View/Transformation Specification[EB/OL], 2011. http://www.omg.org/spec/QVT/2.0.

[147] Vela B, Mazon J N, Blanco C, et al. Development of Secure XML Data Warehouses with QVT [J]. Information and Software Technology, 2013, 55(9):1651 – 1677.

[148] Alix T, Zacharewicz G. Product-service systems scenarios simulation based on G-DEVS/HLA: Generalized discrete event specification/high level architecture[J]. Computers in Industry, 2012, 63(4): 370 – 378.

[149] Amyot D. Introduction to the User Requirements Notation: learning by example[J]. Computer Networks, 2003,42: 285 – 301.

[150] Wfmc[EB/OL]. http://www.wfmc.org/.

[151] 冯晓宁,李麒星,王卓. 一种基于 BPMN 的业务流程图到 BPEL 的映射方法[J].计算机研究与发展,2013, 50(S1):44 – 52.

[152] 魏凌,爱永霖,魏竣. BPMN 到 BPEL2.0 的模型转换方法[J].计

算机应用研究，2008，25(11)：3363-3366.

[153] 马健，徐涛，张育平. 基于连续语义的业务流程模型的转换[J].计算机应用，2013，33(S1)：243-246.

[154] Corradini F, Morichetta A, Polini A, et al. Correctness checking for BPMN collaborations with sub-processes[J]. Journal of Systems and Software, 2020,166(8):110594.

[155] Corradini F, Muzi C, Re B, et al. Formalising and animating multiple instances in BPMN collaborations[J]. Information Systems, 2019, doi：10.1016/j.is.2019.101459.

[156] UL Muram F, Tran H, Zdun U. Supporting automated containment checking of software behavioural models using model transformations and model checking[J]. Science of Computer Programming, 2019,174:38-71.

[157] Corradini F, Muzi C, Morichetta A,et al. Well-structuredness, safeness and soundness：A formal classification of BPMN Collaborations[J]. Journal of Logical and Algebraic Methods in Programming, 2021, 119(2)：100630.

[158] Kang G. S, Yang L. Q, Zhang L. Verification of behavioral soundness for artifact-centric business process model with synchronizations [J]. Future Generation Computer Systems，2019，98(9):503-511.

[159] Felli P, Leoni M. D, Montali M. Soundness Verification of Decision-Aware Process Models with Variable-to-Variable Conditions// Proceedings of the 19th International Conference on Application of Concurrency to System Design (ACSD)[C], 2019.

[160] Foughali M, Hladik P E. Bridging the gap between formal verification and schedulability analysis：The case of robotics[J]. Journal of Systems Architecture, 2020,111(12), doi：10.1016/j.sysarc.2020.101817.

[161] Aristyo B, Pradityo K, Tamba T A, et al, Model Checking-based Safety Verification of a Petri Net Representation of Train Interlocking Systems//Proceedings of the 57th Annual Conference of the Society of Instrument and Control Engineers of Japan (SICE)[C], Nara, 2018.

[162] Zatout S, Benabdelhafid M S, Boufaida M. Formal Transaction

Modeling and Verification for an Adaptable Web Service Orchestration//Proceedings of the IEEE International Conference on Software Quality, Reliability and Security Companion[C], 2018.

[163] Mylopoulos J, Chung L, Yu E. From object-oriented to goal-oriented requirements analysis[J]. Communications of the ACM, 1999, 42 (1): 31 - 37.

[164] Amyot D. URN Metamodel Version 0. 27 [EB/OL], 2012. http://www.site.uottawa.ca/~damyot/urn/URNMetamodelHTML/index.html.

[165] OMG. Business Process Model and Notation (BPMN) Version2.0 [EB/OL], 2011. http://www.omg.org/spec/BPMN/2.0.

[166] Aburub F, Odeh M, Beeson I. Modelling non-functional requirements of business processes[J]. Information and Software Technology, 2007, 49: 1162 - 1171.

[167] Balaban M, Maraee A, Sturm A. et al. A pattern-based approach for improving model quality[J]. Software System Model, doi: 10.1007/s10270 - 013 - 0390 - 0.

[168] Meland P H, Ardi S, Jensen J, et al. An Architectural Foundation for Security Model Sharing and Reuse//Proceeding of Availability, Reliability and Security International Conference[C], 2009.

[169] Meland P H, Paja E, Gjære E. A, et al. Threat Analysis in Goal-Oriented Security Requirements Modelling [J]. International Journal of Secure Software Engineering (IJSSE),2014, doi:10.4018/ijsse.2014040101.

[170] Uzunov A V, Fernandez E B, Falkner K. Engineering Security into Distributed Systems: A Survey of Methodologies [J]. Journal of Universal Computer Science, 2012, 18(20): 2920 - 3006.

[171] Mouratidis H, Giorgini P, Manson G. When security meets software engineering: a case of modelling secure information systems[J]. Information Systems, 2005, 30: 609 - 629.

[172] Beydoun G, Low G, Mouratidis H, et al. A security-aware metamodel for multi-agent systems (MAS)[J]. Information and Software

Technology, 2009,51: 832 – 845.

[173] Jureta I J, Faulkner S, Schobbens P Y. Clear justification of modeling decisions for goal-oriented requirements engineering [J]. Requirements Enginerring, 2008, 13: 87 – 115.

[174] Amyot D, He X Y, He Y, et al. Generating Scenarios from Use Case Map Specifications. in: Proceedings of the Third International Conference on Quality Software, Dallas[C], 2003.

[175] Brambilla M, Fraternali P. Large-scale Model-Driven Engineering of web user interaction: The WebML and WebRatio experience[J]. Science of Computer Programming, 2014,89: 71 – 87.

[176] Mussbacher G, Ghanavati S, Amyot D. Modeling and Analysis of URN Goals and Scenarios with jUCMNav//Proceeding of Requirements Engineering Conference[C], 2009.

[177] OMG. Business Process Definition Metamodel 1. 0 [EB/OL], 2008. http://www.omg.org/spec/BPDM/1.0.

[178] Popova V, Sharpanskykh A. Formal modelling of organisational goals based on performance indicators[J]. Data & Knowledge Engineering, 2011,70: 335 – 364.

[179] Giachetti G, Marín B, López L, et al. Verifying goal-oriented specifications used in model-driven development processes[J]. Information Systems. 2017,64(3): 41 – 62.

[180] Mendonça D F, Rodrigues G N, Ali R, et al. GODA: A goal-oriented requirements engineering framework for runtime dependability analysis[J]. Information and Software Technology. 2016,80(12): 245 – 264.

[181] Diamantini C, Freddi A, Longhi S, etal. A goal-oriented, ontology-based methodology to support the design of AAL environments[J]. Expert Systems with Applications. 2016,64(12):117 – 131.

[182] Awodeys, Category theory[M], Clarendon Press, Oxford, 2006.

[183] Kostin A E, Reachability analysis in T-invariant-less Petri Nets[J]. IEEE Transactions on Automatic Control, 2003, 48(6):1019 – 1024.

[184] Ye Y, Jiang Z.B, Diao X.D, et al. Extended event-condition-

action rules and fuzzy Petri nets based exception handling for workflow management[J]. Expert Systems with Applications, 2011, 38(9): 10847 – 10861.

[185] ATLAS. KM3: Kernel MetaMetaModel[M], LINA & INRIA, Manual v0.3, 2005.

[186] Budinsky F, Steinberg D, Merks E, et al. Eclipse Modeling Framework[M], Addison-Wesley Professional, 2003.

[187] W3C. Web Service Choreography Interface (WSCI) 1.0[EB/OL], 2002. www.w3.org/TR/wsci.

[188] Harel D, Segall I. Synthesis from scenario-based specifications [J]. Journal of Computer and System Sciences, 2012, 78: 970 – 978.

[189] Kolahdouz Rahimi S. Specification of UML Model Transformations. 2010 Third International Conference on Software Testing, Verification and Validation[C], IEEE computer Society, 2010: 323 – 326.

[190] Robles K, Fraga A, Morato J, et al. Towards an ontology-based retrieval of UML Class Diagrams[J]. Information and Software Technology, 2012, 54: 72 – 86.

[191] Booch G. Object-Oriented Analysis and Design with Applications 3rd[M], Wesley, 2007.

[192] Peterson J L. Petri Net Theory and the Modeling of Systems[M]. Prentice-Hall, 1981.

缩略词

AI	Application Infrastructure	应用基础结构
AMDD	Agile Model Driven Development	敏捷模型驱动开发
ATL	ATLAS Transformation Language	ATLAS 转换语言
BPEL	Business Process Execution Language	业务过程执行语言
BPMN	Business Process Model and Notation	业务过程模型和标记
BU	Basic UseCase	基本用例
CEN	Condition-Event Net	条件事件网
CIM	Computation Independent Model	计算无关模型
CNL	Controlled Natural Language	可控制的自然语言
CPN	Colored Petri Net	着色 Petri 网
CSP	Communicating Sequential Processes	通信顺序进程
CU	Composite UseCase	组成用例
DPF	Diagram Predicate Framework	图谓词框架
EMF	Eclipse Modeling Framework	Eclipse 建模框架
EPN	Extended Petri Nets	扩展的 Petri 网
FCVA	Formal Compositional Verification Approach	形式化组成验证方法
GMF	Graphical Modeling Framework	图形建模框架
GI	Group Identifier	小组标识符
GORE	Goal-Oriented Requirement Engineering	面向目标需求工程
GRL	Goal-oriented Requirement Language	面向目标需求语言
GSP	Goal model，Scenario model and Process model	目标模型，场景模型和过程模型

MDA	Model Driven Architecture	模型驱动体系结构
MDD	Model Driven Development	模型驱动开发
MDE	Model Driven Engineering	模型驱动工程
MIC	Model Integrated Computing	模型集成计算
MOF	Meta Object Facility	元对象机制
M2M	Model-To-Model	模型到模型的转换
M2T	Model-To-Text	模型到文本的转换
NFR	Non-Functional Requirement	非功能需求
OCL	Object Constraint Language	对象约束语言
OI	Organization Identifier	组织标识符
OMG	Object Management Group	对象管理组织
PA	Process Algebra	进程代数
PNML	Petri Net Markup Language	Petri 网标记语言
PIM	Platform Independent Model	平台无关模型
PSM	Platform Specific Model	平台相关模型
QVT	Query/View/Transformation	查询/视图/转换
QVTo	QVT Operational mappings	QVT 操作映射
REA	Resource-Event-Agent	资源-事件-作用者
RSA	Rational Software Architect	软件体系结构建模环境
SCM	Service Composition Model	服务组成模型
SF	Software Factories	软件工厂
SIM	Service Interaction Model	服务交互模型
SOA	Service Oriented Architecture	面向服务的架构
SSDL	Scenario-based Specification Description Language	基于场景的规范描述语言
TFM	Topological Functioning Model	拓扑功能模型
UCM	Use Case Map	用例图
UML	Unified Modeling Language	统一建模语言
URN	User Requirements Notation	用户需求说明
XMI	XML-based Metadata Interchange	基于 XML 的元数据交换
XML	Extensible Markup Language	扩展标记语言